Cacti & Succulents

다육식물도감

감수 선인장 상담실 · 하가네 나오유키
번역 권효정

귀여운 다육식물

몸속에 다량의 수분을 축적하여

잎, 줄기가 두껍고 둥글게 된 것이 다육식물이다.

투명한 창이 있는 것, 뾰족한 가시가 있는 것,

하얀 털이 덮여 있는 것 등

그 모습은 정말 다양하고 귀엽고 매력적이다.

작은 화분에 키우는 경우가 많아서

좁은 창가에서도 20~30종류나

키울 수 있는 것도 매력 포인트 중 하나이다.

창가에 놓여있는 작은 화분들을 바라보면

시간 가는 줄 모르게 된다.

세계 각지에 15,000종 이상 분포하는 다육식물.

인공 교배 등으로 만들어진 원예 품종도 많고

일반적으로 유통되는 것만으로도 수천 종류가 있다.

이 책에는 그중에서 800종을 게재했다.

여행으로 집을 자주 비우는 사람도 키울 수 있고

창가나 베란다, 책상같이 작은 공간에서도 즐길 수 있는

귀여운 다육식물을 알아보자.

다육식물의 매력

01
개성적인 모양

마치 오브제 같은 독특한 모양을 가지고 있어서 그린 인테리어로 좋다.

02
다양한 색상

계절에 따라 바뀌는 컬러풀한 잎 색. 심지어 투명한 것도 있다.

03
아름다운 꽃

화려한 꽃이 피는 종류도 많아서 계절을 아름답게 물들인다.

04
다양한 종류

종류나 품종이 매우 다양하다. 좋아하는 종류를 수집하는 즐거움도 있다.

05
예쁜 모아심기

종류가 풍부하고 기르기 쉽기 때문에 다양한 모아 심기가 가능하다.

06
작은 공간

종류를 잘 선택하면 1m × 1m의 작은 공간에서 100종 이상을 재배할 수 있다.

CONTENTS
Cucti & Succulents
다육식물도감

═══ PART 1 ═══
단자엽류 8

═══ PART 2 ═══
선인장 56

PART4

돌나물과 124

PART3

메셈류 88

PART5

유포르비아 208

도감 보는 방법

● 다육식물 배열에 대하여

이 책에서는 비슷한 종류를 구별할 수 있도록, 많은 종류의 다육식물을 분류학에 따라 과(科), 속(屬)으로 나눠서 게재한다. 단자엽류, 선인장, 메셈류, 돌나물과, 유포르비아(대극과)의 순서로 Part1~5에서 소개하고, 이 외의 종류는 Part6 「기타 다육식물」에서 소개한다. 각각의 과는 기본적으로 속명의 알파벳 순서로 배열한다. 같은 속에 여러 종이 포함된 경우에는 종소명의 알파벳 순서로 배열하고, 교배종 등은 그 뒤에 배치하였다.

(배열이 알파벳 순서가 아닌 경우도 있다. 그리고 과명 등 학명은 최근에 연구가 활발한 분자생물학의 성과에 기반을 둔 APG 분류 체계를 기준으로 하였다)

● 재배 지침

각각의 속에 따라, 속의 특징을 먼저 설명하고 그다음에 하나하나의 종류를 소개하였다. 과(科)나 속(屬)은 분류상 가까운 종류를 묶어 놓은 그룹명으로, 과나 속이 같은 것은 계통적으로 근연(近緣)이라서 성질이나 재배법이 유사한 것이 많으므로, 품종명이나 유통명뿐만 아니라 과명과 속명을 외어두면 좋다. 그리고 사진이 있는 각 품종에는 유통명(또는 품종명)과 학명을 같이 기재하여 각각의 특징을 소개한다.

● 데이터 보는 방법

과 명 속해있는 과명

원산지 자생하는 주된 장소

생장형 생장하는 타입

관 수 계절에 따른 관수 횟수

뿌리 굵기 뿌리 타입

난이도 재배 난이도. ★이 많을수록 어렵다.

PART 1

단자엽류

이전에는 백합과로 분류했던 아스포델루스아과, 비짜루과, 파인애플과 등 단자엽류에 속하는 과의 다육식물들이다. 친숙한 알로에와 아가베, 투명한 창이 매력적인 하워르티아, 에어플랜트라고도 불리는 틸란드시아 등이 이 그룹의 대표적인 식물로, 세계 각지에 분포하고 있다.

알로에
Aloe

DATA

과 명	아스포델루스아과(백합과)
원 산 지	아프리카 남부. 마다가스카르. 아라비아반도
생 육 형	여름형
관 수	봄~가을은 2주에 1회. 겨울은 월 1회
뿌리 굵기	굵은 뿌리 타입
난 이 도	★☆☆☆☆

남아프리카, 마다가스카르, 아라비아반도 등에서 500종류 이상이 알려진 커다란 속(屬)으로, 로제트형으로 잎이 방사상으로 나는 것부터 높이 10m 이상으로 커다랗게 자라는 목본성인 것까지 다양한 종류가 있다. "집에 알로에가 있으면 병원에 갈 필요가 없다."라는 말이 있을 정도로 약용으로 많이 쓰이는 알로에 아르보레센스와 식용으로 사용되는 알로에 베라 등은 특히 유명하다. 말라 죽는 경우가 거의 없고, 추위에 강하여 노지에서 재배하는 경우도 있다. 다육식물 재배를 취미로 하는 사람들이 좋아하는 품종은 '불야성' 등의 소형 종류이다. 형태나 잎 무늬 등이 아름다운 품종이 많다. 빨강. 노랑. 흰색 등 예쁜 꽃이 핀다.

몇 가지 재배하기 어려운 종을 제외하면 대부분은 재배하기 쉽다. 생장기는 봄~가을이고, 한여름 더위에도 강하며 잘 자란다. 햇빛이 잘 들지 않는 곳에서는 웃자라므로 해가 잘 드는 곳에서 재배해야 한다. 겨울에 실외에서 견딜 수 있는 종류도 있지만, 겨울철에 기온이 영하로 떨어지는 지역에서는 실내에 들여놓는 것이 안전하다.

재배가 어려운 종류는 원산지의 토양 성질과 비슷해지도록 석회질 용토를 많이 넣어주면 잘 자란다.

아르보레센스
Aloe arborescens

예로부터 약초로 사용됐으며, 벌레 물린 곳이나 화상에 잘 듣는다. "집에 이 식물이 있으면 병원에 갈 필요가 없다"라고 이야기될 정도이다. 겨울철에 기온이 영하로 떨어지지 않는 지역에서는 노지재배가 가능하다. 사진의 식물은 50cm 정도이다.

브로미
Aloe bromi

빨간색 뾰족한 가시를 가지고 있고 저목 형태로 자라는 중형 알로에이다. 사진 속 식물은 폭 30cm 정도이다.

콤프레사 루고스콰모사
Aloe compressa var. *rugosquamosa*

어린 묘목일 때는 잎이 호생하는 특이한 알로에이다.

델토이데오돈타
Aloe deltoideodonta

델토이데오돈타는 변종과 교잡종이 많고, 많은 이름을 가지고 있다. 사진 속 식물은 그중에서도 매우 아름다운 종류이다. 폭은 15cm 정도이다.

데스코잉시
Aloe descoingsii

마다가스카르 원산의 소형 알로에의 대표종이다. 대부분 줄기는 없고 예쁜 모양의 군생주를 형성한다. 꽃은 봄에 피며 짙은 빨간색이다. 겨울에 영하로 떨어지지만 않으면 괜찮다. 폭은 6cm 정도이다.

크라포흘리아나
Aloe krapohliana

저목 형태로 자라는 소형 인기종이다. 생장은 느리지만, 잎이 촘촘히 나있는 모습이 보기 좋다. 사진 속 식물은 폭 15cm 정도이다.

▶ 알로에

리네아타
Aloe lineata

사진 속 식물은 아직 어린 묘목이라 잎이 호생이지만, 다 자라면 1m 이상이 되고 잎도 윤생으로 바뀌는 재미있는 알로에이다. 사진의 묘목은 20cm 정도이다.

페그레라에
Aloe peglerae

줄기가 거의 없는 중형 종이다. 사진의 식물은 아직 작은 묘목이지만 다 자라면 잎이 안쪽으로 말려서 예쁜 모양이 된다. 사진 속 식물은 20cm 정도이다.

여왕금(女王錦)
Aloe parvula

마다가스카르 원산의 소형 종이다. 보랏빛을 띠는 잎이 하워르티아와 비슷해서 인기가 많다. 여름 더위에 약하고 재배하기약간 어렵기 때문에 주의할 필요가 있다. 폭은 6cm 정도이다.

필란시
Aloe pillansii

대형인 디코토마(*A. dichotoma*)와 비슷한 넓은 잎 폭과 굵은 줄기가 매력적이다. 2m 이상 크게 기른 경우도 있다. 사진은 70cm 정도이다.

프리카틸리스
Aloe plicatilis

20년 정도 기르면 2m 정도로 커진다. 어린 묘목일 때나 다 성장한 후에도 호생엽으로 잘 분지하고 모양이 예쁘고 강건한 종류이다. 사진 속 식물은 1m 정도이다.

폴리필라
Aloe polyphylla

기르기 어렵다고 알려졌지만, 최근에는 재배 기술이 좋아져 많이 재배한다. 다 성장하면 잎이 나선형으로 돌려나서 특이하고 멋지다. 고산성으로 더위에 약하다. 폭 20cm 정도이다.

라모시시마
Aloe ramosissima

디코토마(*A. dichotoma*)와 비슷하지만, 소형으로 일찍부터 분지해서 예쁜 모양으로 성장한다. 사진 속 식물은 50cm 정도이다.

라우히이 화이트 폭스
Aloe rauhii 'White Fox'

소형이면서 줄기가 거의 없는 알로에로 많은 변종과 교잡종이 있다. 사진 속 식물은 흰색으로 아름다운 타입이다. 봄～가을에는 햇빛이 좋은 실외, 겨울은 실내에서 관리한다. 폭 10cm 정도이다.

▶알로에

스라데니아나
Aloe sladeniana

창끝 모양 잎이 독특한 알로에이다. 재배가 약간 어렵기 때문에 일반적으로는 보기 어려운 희귀한 종류이다. 사진 속 식물은 폭 10cm 정도이다.

소말리엔시스
Aloe somaliensis

광택이 있는 잎은 딱딱하고, 가시도 뾰족하기 때문에 주의가 필요하다. 생장이 늦고 아주 짧은 줄기를 가져서, 키가 작고 모양이 예쁘게 자라는 명품이다. 사진 속 식물은 폭 20cm 정도이다.

천대전금 (千代田錦)
Aloe variegata

자연스러운 무늬가 예쁘다. 자연에서 군생하고 있다. 스라데니아나와 비슷하지만 기르기 쉽고 많이 보급되어 있다. 사진 속 식물은 폭 15cm 정도이다.

비그에리 (소형)
Aloe vigueri

마다가스카르산의 소형 알로에이다. 사진은 비그에리의 드워프 타입(왜소형)이다. 사진 속 식물은 20cm 정도이다.

베라
Aloe vera

화장품 및 건강식품으로 많이 이용되어 친숙한 품종이다. 교배
해도 씨앗은 생기지 않는다. 사진 속 식물은 높이 50cm 정도
이다.

보그치
Aloe vogtsii

보그치는 '반점'이라는 의미이다. 진한 녹색의 바탕에 흰색 반
점이 아름다운 종류이다. 잎이 약간 딱딱하다. 사진 속 식물은
20cm 정도이다.

드라큘라즈 블러드
Aloe 'Dracula's Blood'

라우히이를 사용한 교배종이 많이 만들어지고 있다. 이 종류는
미국의 켈리 그리핀 교배종(**Kelly Griffin Hybrid**)라고 생각된
다. 사진의 식물은 폭 15cm 정도이다.

비토
Aloe 'Vito'

이것도 라우히이를 사용한 교배종이다. 이것과 비슷한 종류가
많으므로 라벨을 잃어버리지 않도록 주의한다. 사진 속 식물은
폭 20cm 정도이다.

아스트롤로바
Astroloba

DATA

과 명	아스포델루스아과(백합과)
원 산 지	남아프리카
생 육 형	봄 · 가을형
관 수	봄 · 가을은 주 1회, 여름 · 겨울은 3주에 1회
뿌리 굵기	굵은 뿌리 타입
난 이 도	★★☆☆☆

　15종 정도가 남아프리카에 자생하고 있다. 하워르 티아의 경질엽(딱딱한 잎)계와 비슷하고 작은 탑 모양으로 자라는 것이 특징이다. 생장기는 봄과 가을이고, 여름과 겨울의 휴면기에는 물을 가끔만 주어야 한다. 하워르티아와 같은 방법으로 강한 직사광선을 피해서 재배한다. 여름에는 바람이 잘 통하는 그늘에서 건조하게 관리하는 것이 포인트이다.

🦷 비카리나타
Astroloba bicarinata

매우 딱딱한 잎을 가지고 있고 생장도 느려서 눈에 그다지 띄지 않는 매력적인 강건종이다. 생장하면 뿌리 근처에서 어린 모기가 나와서 포기나누기로 번식시킬 수 있다.

🦷 콘게스타
Astroloba congesta

삼각형으로 뾰족한 잎이 겹쳐서 기둥 모양으로 자란다. 여름에는 차광해주고 겨울에는 해가 잘 드는 곳에서 재배한다. 건조한 것을 잘 견디므로 관수는 가끔 해도 된다.

🦷 백아탑(白亜塔)
Astroloba hallii

예로부터 재배하고 있는 종류이다. 아스트롤로바 중에서도 개성적이면서 아름다운 희귀종이다.

불비네
Bulbine

DATA

과 명	아스포델루스아과(백합과)
원 산 지	남아프리카, 오스트레일리아
생 육 형	겨울형
관 수	가을~봄은 2주에 1회. 여름은 단수
뿌리 굵기	가는 뿌리 타입
난 이 도	★★★★☆

　남아프리카와 오스트레일리아 동부에 30종 정도가 알려진 속으로 다육식물로 사람들이 알고 있는 것은 여기에서 소개하는 메셈브리안토이데스 정도이다. 하워르티오이데스(*B. haworthioides*)라는 종류도 있지만 그다지 일반적으로 알려져 있지는 않다. 화분이나 화단 식물로 이용되는 종류로는 프루테스켄스(*B. frutescens*)가 있다.

메셈브리안토이데스
Bulbine mesembryanthoides

부드럽고 투명한 잎이 매력적으로 메셈류와 비슷해서 이런 이름이 붙여졌다. 작고 하얀 꽃이 안개꽃 같이 핀다. 사진 속 식물은 3cm 정도이다.

가스테랄로에
Gasteraloe

DATA

과 명	아스포델루스아과(백합과)
원 산 지	교배속
생 육 형	여름형
관 수	봄~가을은 주 1회. 겨울은 3주에 1회
뿌리 굵기	굵은 뿌리 타입
난 이 도	★☆☆☆☆

　가스테리아와 알로에의 인공 교배종으로 가스드로알로에라고도 불리며 몇 가지 원예품종이 있다. 꽃은 전부 알로에와 비슷하고 모양이 예쁜 군생주가 된다. 대부분은 강건하여 열악한 환경에서도 잘 자란다. 가스테리아와 하워르티아의 교배종인 가스테르하워르티아(*Gasterhaworthia*)도 있다.

그린 아이스
Gasteraloe 'Green Ice'

가스테랄로에속의 대표종으로 자연적인 무늬가 복륜으로 들어가 있어서 예쁘다. 사진 속 식물은 폭 15cm 정도이다.

가스테리아
Gasteria

DATA

과 명	아스포델루스아과(백합과)
원 산 지	남아프리카
생 육 형	여름형
관 수	봄~가을은 주 1회, 겨울은 3주에 1회
뿌리 굵기	굵은 뿌리 타입
난 이 도	★☆☆☆☆

남아프리카를 중심으로 약 80종이 알려진 속으로 상당히 두껍고 딱딱한 잎이 호생하거나 방사상으로 윤생하는 다육식물이다. '와우'라고 불리는 잎이 거칠거칠한 계통과 필란시 등 잎이 매끄러운 계통이 있다. '와우'는 일본에서 예로부터 재배해 왔으며, 교배에 의해 품종개량이 이루어져 많은 품종이 만들어졌다.

생장 타입은 여름형으로 분류되지만, 더위에 약해서 봄여름형으로 불리는 경우도 있다. 그리고 일 년 내내 생장하는 강건한 종류도 많다. 재배의 기본은 하워르티아와 거의 같아서 약간 차광해 주어야 하고, 비교적 물을 많이 필요로 한다.

생장기는 봄과 가을이다. 여름은 더위에 주의하며 50% 이상 차광하고 바람이 잘 통하는 장소에서 관리한다. 겨울에는 얼지 않도록 실내로 들여와서 되도록 생육 장소가 5도 이하로 내려가지 않도록 한다. 봄과 가을의 생장기에는 화분의 흙이 건조해지지 않을 정도로 관수해 준다.

▌와우(臥牛)
Gasteria armstrongii

가스테리아의 대표종으로 소 혓바닥같이 두껍고 거칠거칠한 잎이 좌우로 호생한다. 직사광선에 잎이 타기 쉬우므로 주의한다. 사진 속 식물은 폭 10cm 정도이다.

▌와우(臥牛) 스노우 화이트
Gasteria armstrongii 'Snow White'

'와우'에는 여러 가지 타입이 있어서 컬렉션하기 좋다. 사진은 하얀 반점이 있는 '스노우 화이트'이다. 폭 10cm 정도이다.

벡케리(무늬종)
Gasteria beckeri f.variegata

대형 가스테리아로 짙은 녹색 잎에 노란색 줄무늬가 예쁜 종류이다. 사진 속 식물은 폭 20cm 정도이다.

비콜로르 릴리푸타나
Gasteria bicolor var. lilliputana

소형 가스테리아로 서서히 어린 포기가 나와서 군생한다. 사진 속 식물은 폭 10cm 정도이다. '자구희'라고도 불린다.

필란시(무늬종)
Gasteria pillansii f.variegata

호생하는 잎에 황색 줄무늬가 아름다운 인기종으로 여러 가지 타입이 있다. 잎의 표면은 '와우' 등과 비교하여 매끈매끈하다. 대형으로 사진 속 식물은 폭 15cm 정도이다.

상아자보(象牙子宝)
Gasteria 'Zouge Kodakara'

흰색이나 노란색 무늬가 있는 품종으로, 어린 포기가 많이 생긴다. 모체는 그다지 크게 자라지 않는다. 사진 속 식물은 폭 10cm 정도이다. 직사광선을 피해서 재배한다.

하워르티아(연엽계)
Haworthia

DATA

과 명	아스포델루스아과(백합과)
원 산 지	남아프리카
생 육 형	봄 · 가을형
관 수	봄 · 가을은 주 1회, 여름은 2주에 1회, 겨울은 월 1회
뿌리 굵기	굵은 뿌리 타입
난 이 도	★☆☆☆☆

하워르티아는 남아프리카에 200종 정도 원종이 자생하는 소형 다육식물이다. 투명한 창을 가진 것, 딱딱한 잎을 가진 것 등 여러 종류가 있다. 여기서는 '연엽계', '경엽계', '만상', '옥선'의 4가지 종류로 나눠서 설명한다.

'연엽계'는 옵투사 등 투명한 창을 가지고 있는 종류가 대표적인 것으로 최근에는 우량종끼리 교배하여 많은 품종이 만들어지고 있다. 일본에서 만들어진 품종도 많이 있고, 매우 훌륭한 품종이 많다.

생장기는 봄과 가을이다. 여름에는 더위에 주의하며, 50% 이상 차광해 주고 가능한 한 바람이 잘 통하는 곳에서 재배하는 것이 바람직하다. 겨울에는 얼지 않도록 관리한다. 가능하면 실내에 들여와서 생육 장소가 5도 이하로 내려가지 않도록 한다. 생장기인 봄. 가을에는 흙이 마르지 않도록 관수한다. 오랫동안 키우면 줄기 표면이 울퉁불퉁하고 길게 자라서 새로운 뿌리가 나오기 어려우므로 잘라서 재생시켜서 다시 키운다.

▌옵투사
▌*Haworthia obtusa*

꼭대기 부분에 빛을 받아들이기 위한 투명한 창을 가진 짧은 잎이 촘촘히 자란 소형 인기종이다. 소형 하워르티아를 교배시켜 만들 때 원종으로 많이 사용된다. 사진 속 식물은 폭 5cm 정도이다.

▌도드손 무라사키 옵투사
▌*Haworthia obtusa 'Dodson Murasaki'*

옵투사 품종으로 잎이 보랏빛을 띠어서 더욱 아름답다. 창도 더 크고 맑게 보인다. 일 년 내내 밝은 반그늘에서 관리한다.

블랙 옵투사(무늬종)
Haworthia obtusa f. variegata

옵투사 잎이 검은빛을 띠는 타입을 블랙 옵투사라고 부른다.
이 종은 그 무늬종이다. 창도 크고 노란색 무늬도 아름다운 매
우 희귀한 품종이다.

수정(水晶)
Haworthia obtusa 'Suishiyou'

옵투사의 한 종류로 하얗고 커다란 잎끝이 수정 같아 보이는
아름다운 식물이다.

특달마(特達磨)
H.(arachnoidea var. setata f. variegata × obtusa)

반엽 아라크노이데아 세타타(*H. arachnoidea* var. *setata*)와
옵투사의 교배종으로 아름다운 무늬의 잎이 매력적이다. 잎이
둥근 달마 타입 중에서도 특히 둥글기 때문에 '특달마'라고 불
린다.

엠페라
Haworthia cooperi var. *maxima*

'엠페라(황제)'라는 이름 그대로 대형이면서 존재감이 뛰어난
품종이다. 일반적인 쿠페리 보다 2배 정도 크고 창도 커서 박
력 있는 모습이다.

심비포르미스
Haworthia cymbiformis

삼각형의 잎이 로제트형으로 나오는 품종으로 잎끝에 희미하게 투명창이 있다. 하워르티아 중에서도 재배가 쉽고 어린 포기가 많이 나와서 군생하기 쉬운 종류이다.

심비포르미스(무늬종)
Haworthia cymbiformis f.variegata

심비포르미스의 노란색 무늬종으로, 군생하면 정말 멋지다. 사진 속 식물은 폭 7cm 정도이다.

심비포르미스 로즈
Haworthia cymbiformis 'Rose'

심비포르미스보다도 대형으로 장미꽃 같은 모습이 아름다운 품종이다. 일반적인 심비포르미스보다 대형으로 사진 속 식물은 폭 15cm 정도이다.

쿠페리 디엘시아나
Haworthia cooperi var. dielsiana

옵투사와 닮았지만 약간 가늘고 긴 모양의 잎을 가진 대형 종류이다. 재배 방법도 옵투사와 같아서 실내에서도 잘 자란다.

쿠페리 필리페라(무늬종)
Haworthia cooperi var. pilifera f.variegata

쿠페리에 흰색 무늬가 들어가 있는 명품으로 군생주가 되면 멋지다. 재배법은 옵투사와 같아서 여름 더위에 약간 약하므로 주의가 필요하다.

올라소니(특대)
Haworthia ollasonii

투명도가 높은 잎이 인기가 있는 원종이다. 크기는 일반적으로 폭 10cm 정도이지만 사진 속 식물은 특히 크게 자라는 타입으로 생육이 좋아서 폭 20cm 정도이다.

파라독사
Haworthia paradoxa

좋은 환경에서 자라면 잎이 방사형으로 예쁘게 자란다. 동그란 커브가 있는 창이 밝게 빛난다. 잎이 촘촘한 우량품종으로 사진 속 식물은 폭 7cm 정도이다. 햇빛이 잘 들어오는 곳에서 재배하는 것이 포인트이다.

스프링복블라켄시스
Haworthia springbokvlakensis

평평하고 큰 창의 무늬도 확실하다. 키가 작은 '만상'과 같은 우량품종이다. 교배용 원종으로 자주 사용된다.

트란시엔스
Haworthia transiens

밝고 투명도가 높은 잎을 많이 가지고 있는 소형의 하워르티아이다. 로제트의 지름은 4~5cm 정도이다. 재배는 쉽고 어린 포기가 잘 생긴다.

빙사탕 (氷砂糖)
Haworthia retusa var. turgida f.variegata

새하얀 무늬가 들어가는 소형 인기종이다. 튼튼하고 어린 포기가 잘 생겨서 군생한다. 빛을 비추어서 관상하면 그 아름다움이 더욱 빛난다. 보급종이지만 아름다운 우량 품종이다.

록우디
Haworthia lockwoodii

일 년 내내 잎끝이 말라 있는 모습이 독특하다. 사진 속 식물은 휴면 중이라 옅은 갈색이지만 생육기에는 초록색으로 아름답다.

소인좌 (小人の座)
Haworthia angustifolia 'Liliputana'

길고 가는 잎을 가진 소형 하워르티아이다. 어린 포기가 생기기 쉽고 군생하고 있는 모습이 멋지다. 2년에 한 번은 분갈이를 해주어야 한다. 포기나누기로 간단하게 번식이 가능하다.

아라크노이데아
Haworthia arachnoidea var. *arachnoidea*

레이스 계열의 하워르티아의 대표적인 모습으로 잎에 가는 털이 자라서 결이 곱고 아름다운 인상을 준다. 여름의 높은 습도에 민감해서 잎끝이 마르지 않도록 주의가 필요하다.

아라크노이데아 아라네아
Haworthia arachnoidea var. *aranea*

아라크노이데아의 변종이다. 레이스 계열의 하워르티아는 사진과 같이 잎끝이 마르지 않도록 관리하는 것이 가장 중요하다.

곡수연(曲水の宴)
Haworthia bolusii var. *bolusii*

예로부터 많이 보급된 아름다운 품종이다. 레이스 계열의 하워르티아 중에서는 기르기 쉬운 품종이다.

쿠페리 쿠민기
Haworthia cooperi 'Cummingii'

볼루시(*H. bolusii*)와 비슷한 레이스 계열의 품종이다. 잎끝 마름을 방지하기 위해서는 뿌리를 잘 내리게 하는 것이 중요하다. 적당한 차광과 관수, 습도가 필요하다.

데시피엔스
Haworthia decipiens var. *decipiens*

섬세한 레이스 같은 털이 아름다운 품종이다. 몇 가지 다른 모습을 가지고 있다.

아라크노이데아 기가스
Haworthia arachnoidea var. *gigas*

레이스 계열에서는 가장 호쾌한 형태를 가지고 있는 품종으로, 하얀색 가시 같은 털이 초록색 잎과 대비되어 산뜻해 보이는 인기종이다.

쿠페리 고르도니아나
Haworthia cooperi var. *gordoniana*

레이스 계열에는 비슷한 종류가 많아서 동정하기 어려운 경우가 많다.

희회권(姬絵巻)
Haworthia cooperi var. *tenera*

레이스 계열에서 가장 작은 종류로 로제트 하나의 크기는 지름 3cm 정도이다. 반투명의 잎 가장자리에는 부드러운 털이 많이 있다. 생장이 빠르고 군생하기 쉽다.

세미비바
Haworthia semiviva

아름다운 레이스 계열의 하워르티아이다. 하얀 레이스 모양의
털이 많아서 잎 표면이 보이지 않을 정도이다.

쿠페리 베누스타
Haworthia cooperi var. *venusta*

하얀색 짧은 털을 표면 전체에 두르고 있는 아름다운 하워르
티아이다. 비교적 새로운 우량종이다. 폭은 5cm 정도로 약간
건조한 환경에서 재배하면 모양이 예쁘게 된다.

에멜리아에 마요르
Haworthia emelyae var. *major*

잎 전체에 작은 가시가 밀생하는 독특한 하워르티아이다.

신설회권(新雪絵巻)
Haworthia 'Shin-yukiemaki'

백설공주 × 베누스타의 종자로 번식시킨 교배종으로 잎 전체
에 부드러운 하얀색 털이 촘촘히 나 있는 모습이 아름답다. 기
부에서 나오는 어린 포기를 포기나누기해서 번식시킨다. 사진
속 식물은 폭 7cm 정도이다.

이름 없음
Haworthia (major×venusta)

마요르 × 베누스타의 종자로 번식시킨 교배종으로 '신설회권'
과 마찬가지로 아름다운 하얀색 털이 나 있다. 털이 약간 적어
서 창의 무늬가 보인다. 사진 속 식물은 폭 10cm 정도이다.

미러볼
Haworthia 'Mirrorball'

도드손(Dodson)계열의 보라색 옵투사의 교배종으로 다육질의
잎 모서리에 짧은 털이 많이 나 있다. 작은 창이 많이 모여있는
모습에서 미러볼이 연상된다.

에멜리아에 콤프토니아나
Haworthia emelyae var. *comptoniana*

에멜리아에의 변종인 콤프토니아나이다. 잎이 둥근 달마 타입
으로 아름다운 개체이다. 일본 가나가와현의 니시지마 컬렉션
에서 나온 품종으로 '강평수'라고도 불린다.

에멜리아에 콤프토니아나 (무늬종)
Haworthia emelyae var. *comptoniana* f.*variegata*

콤프토니아나는 무티카(*H. mutica*)와 비슷한 연엽계의 대형종
이다. 이 종은 무늬가 들어간 품종이다. 잎에 노란색이나 흰색
의 줄무늬가 있어서 아름답다. 가을~봄에는 햇빛을 잘 받는
곳에서 재배한다.

미카타 렌즈 스페셜
Haworthia emelyae var. *comptoniana* 'Mikata-lens special'

그물 무늬가 멋진 개체이다. 창의 투명도가 높은 것을 렌즈 콤프토, 글래스 콤프토라고 부르는데 이 종류도 그 중 하나이다. 미카타가 만든 품종이다.

백경(白鯨)
Haworthia emelyae var. *comptoniana* 'Hakugei'

대형 콤프토니아나로 두꺼운 그물 무늬 때문에 전체적으로 하얗게 보여서 백경이란 이름이 붙여졌다. 잎이 촘촘해서 아름다운 모양을 가진 개체이다.

에멜리아에 픽타
Haworthia emelyae 'Picta'

잎 표면이 거칠거칠한 하워르티아로 잎 윗부분의 창에는 복잡한 하얀색 점무늬가 있다. 사진 속 개체는 하얀 점이 많은 픽타의 기본 무늬 타입이다.

은하계(銀河系)
Haworthia emelyae 'Picta'

픽타의 우량 개체로 하얀색 점이 커져서 서로 연결되어 전체적으로 더욱더 하얗게 보인다. 하얗게 보이는 것에서 '은하계'라는 이름이 붙여졌다.

에멜리아에 픽타 (무늬종)
Haworthia emelyae 'Picta' f.*variegata*

픽타에 노란색 무늬가 들어간 매우 아름다운 품종이다. 노란 부분에는 엽록소가 없으므로 재배 시 주의가 필요하다.

백왕 (白王)
Haworthia pygmaea 'Hakuou'

피그마에아는 소형 하워르티아이다. 잎이 매끈한 것, 거칠거칠 한 것 등 여러 가지 타입이 있지만, 이 종류는 거친 표면에 흰 색 선이 들어간 우량 품종이다.

피그마에아 (무늬종)
Haworthia pygmaea f.*variegata*

노란색 무늬가 들어간 아름다운 피그마에아 무늬종이다. 잎이 매끈매끈한 타입이다.

레투사
Haworthia retusa

레투사 기본형으로 다 자라면 대형이 된다. 옅은 녹색의 삼각 형 잎이 나오고 끝부분은 창으로 되어있다. 늦은 봄에는 꽃대 가 올라와서 작은 흰색 꽃이 핀다.

레투사 킹
Haworthia retusa 'King'

레투사 중에서도 특히 대형인 멋진 종류로 선명한 무늬가 있어서 아름답다. 세키카미가 교배시켜 육종한 품종이다.

피그마에아 스플렌덴스
Haworthia pygmaea var. *splendens*

스플렌덴스 중에서도 특히 아름다운 타입이다. 창에 생긴 줄무늬 부분에 광택이 있고, 재배 장소의 햇빛 양에 따라 금색이나 적동색으로 빛나는 것처럼 보인다.

피그마에아 스플렌덴스
Haworthia pygmaea var. *splendens*

스플렌덴스에는 여러 가지 타입이 있지만, 이것은 창에 하얀 서리가 내린 것 같은 잎이 특징인 아름다운 개체이다. 잎 모양도 단정하고 예쁘다.

용린(竜鱗)
Haworthia venosa ssp. *tessellata*

테셀라타에는 여러 타입이 있지만, 이것이 표준형이다. 잎 표면이 전부 창으로 되어 있어 독특하다. 비늘같이 보이는 무늬가 개성적이다.

이름 없음
Haworthia (pygmaea×springbokvlakensis)

피그마에아와 스프링복블라켄시스의 교배종이다. 평평하게 자라는 것이 특징인 인기종이다.

바이에리 쥬피터
Haworthia bayeri 'Jupiter'

창 부분의 그물 무늬가 특징인 훌륭한 개체이다. 잎 형태도 둥글게 떨어져서 멋지다.

무티카 실바니아
Haworthia mutica 'Silvania'

두꺼운 삼각형의 잎이 로제트형으로 자라는 하워르티아이다. 창이 아름다운 은색으로 빛난다. 일본에서 만들어진 품종으로 교배종인지 돌연변이종인지는 확실하지 않다.

슈퍼 은하(銀河)
Haworthia emelyae 'Picta Super Ginga'

'은하계'와 비슷한 아름다운 품종으로 하얀색 반점이 밤하늘에 별이 총총히 떠 있는 것처럼 아름답다.

라비앙로즈(무늬종)
Haworthia 'Lavieenrose' f.*variegata*

창에 가는 털이 밀생하고 있는 라비앙로즈(모해 × 피그마에아)로 선명한 노란색 반엽이 아름다운 품종이다. 사진 속 식물은 폭 8cm 정도이다.

묵염(墨染)
Haworthia 'Sumizome'

거칠거칠한 표면의 잎에 흑갈색 무늬와 투명한 창이 번갈아 있는 아름다운 교배종이다. 잎끝이 뾰족하지 않고 둥그런 모양이다. 대형으로 폭이 20cm 정도까지 자란다. 사진 속 식물은 폭 12cm 정도이다.

주탄동자(酒呑童子)
Haworthia 'Syuten Douji'

잎끝의 반투명한 창의 색과 모양이 아름다운 교배종이다. 봄과 가을에 꽃대를 올려서 하얀색 꽃을 피운다. 사진 속 식물은 폭 10.5cm 정도이다. 한여름에는 물을 거의 주지 않는 것이 좋다.

정고금(静鼓錦)
Haworthia 'Seiko Nishiki'

녹선과 레투사의 교배종으로 무늬가 아름다운 인기종이다. 아름다운 군생주를 형성한다.

하워르티아(경엽계)
Haworthia

DATA

과 명	아스포델루스아과(백합과)
원 산 지	남아프리카
생 육 형	봄·가을형
관 수	봄·가을은 주 1회, 여름은 2주에 1회, 겨울은 월 1회
뿌리 굵기	굵은 뿌리 타입
난 이 도	★☆☆☆☆

하워르티아 중에서도 딱딱한 잎을 가진 것을 '경엽계' 하워르티아라고 부른다. 모습은 알로에, 아가베 등과 비슷하고, 끝이 뾰족한 삼각형 잎이 방사상으로 난다. 잎에 투명한 창은 없다.

'동성좌'와 '십이권' 등이 대표종으로 잎에 하얀 점이 많고, 흰 점의 형태와 크기는 종류에 따라 다양하다. 일본에서 소형이면서 모양이 보기 좋고 세계적으로 평가받는 교배종 몇 가지가 육종되었다.

재배 방법은 연엽계와 비슷하다. 직사광선을 피하고 부드러운 빛이 들어오는 곳에서 재배한다. 초봄(2~3월)에 햇빛이 강하면 잎끝이 마르므로 주의가 필요하다. 하지만 대부분은 강건한 품종으로, 재배가 어려운 일부 품종을 제외하면, 재배가 그렇게 어렵지는 않다.

여름의 고온과 강한 햇빛에 약하므로 바람이 잘 통하는 반그늘에서 관리한다. 겨울에는 실내에서 관리하여 온도가 영하로 떨어지지 않도록 한다.

▌ 상강 십이권(霜降り十二の巻)
▌ *Haworthia attenuata* 'Simofuri'

'십이권'에는 여러 가지 타입이 있지만, 이것은 하얀색 띠가 특히 두꺼워서 아름답다. '슈퍼 제브라'라고도 불린다.

▌ 코아르크타타 박카타
▌ *Haworthia coarctata* 'Baccata'

'동성좌'와 비슷하지만 잎 폭이 넓고 잎이 겹쳐져 탑 모양으로 생장한다. 직사광선을 피해서 잎이 타지 않도록 주의한다.

유리전백반(瑠璃殿白斑)
Haworthia limifolia f.variegata

인기가 있는 원종 '유리전'에 흰 무늬가 들어간 품종이다. 흰
무늬는 매우 희귀해서 많이 보급되어 있지 않다.

유리전금(瑠璃殿錦)
Haworthia limifolia f.variegata

'유리전'에 노란색 무늬가 들어간 아름다운 품종이다. 노란색
무늬는 흰색 무늬종 보다는 많이 보급되어 있다.

서학(瑞鶴)
Haworthia marginata

'서학'에는 여러 타입이 있지만, 사진 속 식물은 '백절학'이라고
불리는 종류이다. 잎 테두리에 하얀색 무늬가 있어서 산뜻한
인상을 준다.

맥시마 미니도넛
Haworthia maxima (pumila) 'Mini Donuts'

맥시마, 푸밀라 두 가지로 불린다. 사진의 식물은 극소형의 평
평한 타입으로 귀여워서 인기가 있다.

▌도넛 동성좌(ドーナツ冬の星座)
▌*Haworthia maxima (pumila)* 'Donuts'

잎의 흰 점이 도넛 같은 고리 모양으로 아름답다. 많이 보급된 인기 품종이다.

▌도넛 동성좌금(ドーナツ冬の星座錦)
▌*Haworthia maxima(pumila)* 'Donuts' f.*variegata*

'도넛 동성좌'는 흰색 반점이 도넛 모양인 아름다운 교배종으로, 이 종류는 잎에 노란색 무늬가 있다.

▌천사의 눈물(天使の泪)
▌*Haworthia* 'Tenshi-no-Namida'

잎에 들어가 있는 흰색 무늬를 '천사의 눈물'에 비유해서 이름 붙여졌다. 마르기나타 (*Haworthia marginata*)의 교배종이다.

▌니그라 디베르시폴리아
▌*Haworthia nigra* var. *diversifolia*

니그라 중에서도 가장 작은 종류로 울퉁불퉁한 검은색을 띠는 잎이 매력적이다. 약간 강한 햇빛에 노출시키면 잎색이 더욱더 깊어진다. 생장은 느리고 군생한다.

동성좌(冬の星座)
Haworthia minima

짙은 녹색의 두꺼운 잎에 흰 반점이 있는 품종이다. 강건하고
재배하기 쉬운 품종이다.

푸밀라(무늬종)
Haworthia maxima(pumila) f.variegata

소형 원종 푸밀라의 무늬종이다. 노란색 무늬가 아름다워서 인
기가 있다.

레인와르티 카피르드리프텐시스
Haworthia reinwardtii 'Kaffirdriftensis'

높이가 높게 자라는 품종으로 기부에서 어린 포기가 많이 나
와서 군생한다. 사진 속 식물은 높이 20cm 정도이다. 기르기
쉬운 강건종이다.

금대교(錦帶橋)
Haworthia(venosa × koelmaniorum) 'Kintaikyou'

베노사 × 코엘마니오룸의 교배종으로 일본에서 만들어진 우
수한 교배종이다. 사진 속 식물은 특히 훌륭한 개체이다.

만상
Haworthia maughanii

DATA

과 명	아스포델루스아과(백합과)
원 산 지	남아프리카
생 육 형	봄 · 가을형
관 수	봄 · 가을은 주 1회, 여름은 2주에 1회, 겨울은 월 1회
뿌리 굵기	굵은 뿌리 타입
난 이 도	★☆☆☆☆

만상은 '천지, 우주에 존재하는 다양한 형태' 라는 의미이다. 칼로 자른 듯한 잎끝에는 반투명 창이 있는데 이곳에서 빛을 받아들인다. 창 부분에는 흰색 무늬가 들어가 있어서 개체 차이도 풍부하다. 다양한 무늬가 있어서 많은 사람들이 좋아하는 그룹이다.

▮ 마우가니이 신데렐라
Haworthia maughanii 'Cinderella'

유명한 품종으로 사진 속 식물은 아직 어려서 본연의 모습이 나타나지 않았지만, 세월이 흐를수록 창의 하얀 선이 진해져서 매우 아름답게 된다. 희소한 품종이다.

▮ 마우가니이 트리컬러
Haworthia maughanii 'Tricolore'

창의 배색이 매우 독특해서 마니아들이 좋아하는 품종이다. 일본에서는 가격이 매우 높게 형성되어 있다.

▮ 백락 (白楽)
Haworthia maughanii 'Hakuraku'

다른 종류에서는 보기 드문 하얀 창이 매력적이다. 일본 가나가와현의 세키가미가 대형 '만상'에서 씨앗을 채취하여 선발한 식물로, 흰색을 즐긴다는 의미에서 '백락'이라고 이름 붙였다.

옥선(玉扇)
Haworthia truncata

DATA

과 명	아스포델루스아과(백합과)
원 산 지	남아프리카
생 육 형	봄·가을형
관 수	봄·가을은 주 1회, 여름은 2주에 1회, 겨울은 월 1회
뿌리 굵기	굵은 뿌리 타입
난 이 도	★☆☆☆☆

'만상'과 같이 칼로 자른 듯한 두꺼운 잎이 일렬로 정렬되어 있어서 옆에서 보면 부채 모양으로 자란다. 잎 위쪽에는 렌즈 모양의 창이 있고, 창 무늬가 다채롭다. 재배는 쉽고 우엉 같은 직근을 내리기 때문에 깊은 화분에서 재배한다. 기부에서 어린 포기가 자란다.

▌트룬카타 클레오파트라
▌*Haworthia truncata* 'Cleopatra'

잎의 창 부분에 들어가는 선이 선명한 아름다운 타입이다. 잎 색이나 전체적인 모양이 좋은 우량품종이다.

▌트룬카타 블리자드(무늬종)
▌*Haworthia truncata* 'Blizzard' f.*variegata*

노란색 무늬가 들어간 희귀한 타입의 '옥선'이다. 무늬색과 들어간 방식, 수형 등 무엇하나 흠잡을 곳이 없는 개체이다.

▌이름 없음
▌*Haworthia truncata* cv.

창 부분이 하얀색인 희귀한 타입의 '옥선'이다. 교배시켜 얻은 씨앗에서 선발한 종류이다.

아가베
Agave

DATA

과 명	아스파라거스과(백합과)
원 산 지	미국 남부, 중미
생 육 형	여름형
관 수	봄~가을은 2주에 1회, 겨울은 월 1회
뿌리 굵기	굵은 뿌리 타입
난 이 도	★☆☆☆☆

멕시코를 중심으로 미국 남부에서 중미에 걸쳐 100종 이상이 알려진 다육식물로 잎끝에 가시가 있다. 품종에 따라 특징적인 형태와 무늬가 달라지는 것이 재미있다. 생장기는 봄~가을인 여름형 식물이다. 햇빛이 잘 드는 장소에서 건조하게 키운다.

테킬라의 원료로 사용되기도 하는 대형종으로 '센트리 플라워(century flower)'라고도 불리며 100년에 한 번 꽃이 핀다고 알려졌지만, 대부분의 종류는 30년 정도에 개화한다. 새로 발견된 알보필로사(*A. albopilosa*) 등을 제외하면 강건하고 더위나 추위에 강하여 재배가 용이하지만, 다 자랐을 때의 크기를 고려하지 않고 키우면, 재배 공간이 좁아져 곤란해질 수 있다.

일본에서는 '뇌신'이나 '세설' 등과 같은 소형이 인기가 있다. 마크로아칸타(*A. macroacantha*), '뇌신' 계열, 호리다(*A. horrida*) 계열, 아테누아타 등은 추위에 약하므로 겨울에는 실내에서 관리한다. '취상', '청용설란', '길상천', '세설' 계열, 무밀라 등은 비교적 추위에 강해서 관동지방에서는 실외에서 월동할 수 있다.

알보필로사
Agave albopilosa

2007년에 발견된 이번 세기 최대의 신발견종이다. 가파른 낭떠러지에서 생육하고 있어서 발견이 늦어졌다. 잎끝의 털이 특징적이다. 생육은 매우 느리다.

아테누아타 (무늬종)
Agave attenuata f.variegata

인기있는 아름다운 무늬종 아가베이다. 사진 속 식물은 노란색 복륜이 들어가 있지만, 흰색 품종도 있다. 키가 크게 자란다. '비취반'이라는 이름도 있다.

보비코르누타
Agave bovicornuta

중형 아가베로 잎 테두리에 뾰족하고 빨간 가시를 두르고 있어 초록색 잎 색과 대비되어 아름답다. 그런 개성적인 모습으로 인기가 많다. 아직 많은 양이 보급되어 있진 않아서 보기 드문 종류이다.

브락테오사(철화종)
Agave bracteosa f.cristata

가시가 없는 가는 잎의 소형종으로 흰색 무늬가 들어가 있는 것도 있다. 잎이 부러지기 쉬우므로 주의한다. 사진 속 식물은 생장점에 변이가 발생된 철화종이다.

백사왕비금(白糸の王妃錦)
Agave filifera f.variegata

예쁜 속무늬가 들어가 있는 소형 아가베이다. 콤팩트하게 자라는 아가베 무늬종은 인기가 있다.

집소필라(무늬종)
Agave gypsophila f.variegata

잎이 물결치는 독특한 모습의 중형종이다. 사진의 식물은 노란색 복륜이 들어가 있는 희소한 개체이다.

이스트멘시스(무늬종)
Agave isthmensis f.variegata

'뇌신(*A. potatorum*)' 보다 약간 작은 아가베이다. 사진 속 개체는 노란색 줄무늬가 들어가서 아름답다.

왕비뇌신(王妃雷神)
Agave potatorum 'Ouhi Raijin'

일본에서 선발된 초소형 인기종이다. 다 생장해도 지름 15cm 정도 밖에 안된다. 폭이 넓은 잎이 특징이다. 추위에 민감하므로 겨울철 관리에 주의한다.

왕비뇌심금(王妃雷神錦)
Agave potatorum 'Ouhi Raijin' *f.variegata*

아름다운 노란색 속무늬가 있는 '왕비뇌신'으로 약간 둥그스름한 밝은 녹색 잎이 특징이다. 잎이 타는 것은 방지하기 위해서 여름에는 차광한다.

왕비갑해(王妃甲蟹)
Agave isthmensis f.variegata

'왕비뇌신' 계열의 돌연변이종으로 잎 테두리에 있는 가시가 몇 개 연결된 것이 특징이다. 소형으로 인기가 많은 품종이다.

왕비갑해금 (王妃甲蟹錦)
Agave isthmensis f.variegata

'왕비갑해'에 노란색 복륜 무늬가 들어간 품종이다. 무늬가 들어가면 가시가 예쁘지 않은 경우가 많지만, 사진 속 식물은 두 가지 전부 훌륭한 개체이다.

오색만대 (五色万代)
Agave lophantha f.variegata

흰색이나 노란색의 아름다운 줄무늬가 있는 중형 아가베로 오래전부터 보급된 인기 품종이다. 추위에 약간 약하므로 겨울철 관리에 주의가 필요하다.

희란설금 (姬乱れ雪錦)
Agave parviflora f.variegated

'희란설'의 노란색 속무늬 종으로 콤팩트하고 예쁜 우량 품종이다. 잎에 들어간 흰 선 모양의 가시와 이 가시가 성장하며 변하는 모습이 재미있다.

뇌신금 (雷神錦)
Agave potatorum f.variegata 'Sigeta Special'

폭 30cm 정도 되는 중형 아가베 '뇌신'에 노란색 무늬가 들어가 있는 아름다운 품종이다. 가시도 크고 훌륭한 타입이다.

길상관금(吉祥冠錦)
Agave potatorum 'Kisshoukan' f.*variegata*

폭이 넓은 잎과 빨간 가시가 아름다운 '길상관'에는 여러 가지
무늬종이 있지만, 이것은 흰색 속무늬인 희귀종이다.

길상관금(吉祥冠錦)
Agave potatorum 'Kisshoukan' f.*variegata*

노란색 속무늬의 '길상관'이다. 소형으로 생장에는 시간이 걸린
다. 겨울철 추위에 약간 약하므로 주의한다.

포타토룸 벡키
Agave potatorum 'Becky'

포타토룸의 소형종인 '희뢰신'의 무늬종을 '벡키'라고 부른다.
아름다운 흰 속무늬가 있고 콤팩트하게 자라는 인기종이다.

푸밀라
Agave pumila

삼각형 잎이 독특한 소형 아가베이다. 비교적 추위에 강해서
온도가 영하로 내려가지만 않으면 겨울에도 실외 재배가 가능
하다. 사진 속 식물은 폭 15cm 정도이다.

▌취상(吹上)
Agave stricta

가는 잎이 방사상으로 퍼져 있어서 다 자라면 고슴도치 같은
모양이 된다. 여러 가지 타입이 있지만, 소형이 인기가 있다.

▌티타노타 넘버원
Agave titanota 'No.1'

잎 테두리의 가시가 아가베 중에서 가장 강해서 늠름한 이미
지이다. 추위에 약해서 겨울철 실외 재배는 어렵다. 사진 속 식
물은 폭 20cm 정도이다.

▌희세설(姬笹の雪)
Agave victoriae-reginae 'Compacta'

소형이면서 좋은 형태의 품종이다. 생장이 매우 느려서 사진
속 식물(폭 15cm) 크기로 자라는데 5년 정도 걸린다. 영하로 내
려가지 않으면 겨울에도 실외 재배가 가능하다.

▌빙산(氷山)
Agave victoriae-reginae f.variegata

'세설'에 흰색 복륜이 들어간 희귀종으로 흰색 무늬가 빙산을
연상시키는 것에서 이름이 붙여졌다. 재배 방법은 '세설'과 같
다.

산세베리아
Sansevieria

DATA

과　　명	아스파라거스과(백합과)
원 산 지	아프리카
생 육 형	여름형
관　　수	봄~가을은 주 1회, 겨울은 월 1회
뿌리 굵기	굵은 뿌리 타입
난 이 도	★☆☆☆☆

　아프리카 등의 건조한 지역이 원산지이다. 대형 종류가 관상식물로 잘 알려진 속이지만, 소형의 예쁜 형태의 종류도 있어서 다육식물 애호가들이 많이 재배한다. 추위에 약해서 겨울에는 실내에서 관리할 필요가 있지만, 봄부터 가을까지는 실외에서 잘 자란다. 과습과 건조에 강하고 강건해서 기르기 쉬운 종류이다.

닐로티카
Sansevieria nilotica

매우 작은 산세베리아로 잎끝은 막대 모양으로 되어있다. 러너가 뻗어 그 끝에 어린 포기가 생기면서 옆으로 퍼져가기 때문에 번식도 간단하다.

아르보레스켄스 라바노스(무늬종)
Sansevieria arborescens 'Lavanos' f.variegata

라바노스는 소말리아 원산의 소형 산세베리아로 잎 테두리가 빨갛게 물든다. 이 종류는 기본 라바노스에 노란색 줄무늬가 들어간 매우 아름다운 품종이다.

에렌베르기 바나나
Sansevieria ehrenbergii 'Banana'

왜성 에렌베르기 품종으로 잎 폭이 넓고 두꺼운 타입이다. 사진 속 식물은 잎 길이가 10cm 정도이지만, 다 생장하면 20cm 이상이 된다.

보우이에아
Bowiea

DATA

과　　명	아스파라거스과(백합과)
원 산 지	남아프리카
생 육 형	여름형. 겨울형
관　　수	봄 · 가을은 주 1회, 여름 · 겨울은 월 1회
뿌리 굵기	굵은 뿌리 타입
난 이 도	★★☆☆☆

　남아프리카에서 5~6종이 알려진 작은 속이다. 줄기가 마치 양파 같은 '덩이줄기 식물' 중의 하나이다. 생장기에는 줄기(덩이줄기) 끝에서 덩굴이 나오는데, 가늘고 긴 잎이 많이 달리고, 작고 하얀 꽃이 핀다. 재배는 비교적 용이하다. 종류에 따라서 여름형과 겨울형이 있으므로 주의한다.

▌ 창각전(蒼角殿)
Bowiea volubilis

생장기는 겨울이고, 기부의 덩이줄기는 지름 5~6cm가 된다. 꽃은 자가수분해서 씨앗을 만든다. 근연종으로 덩이줄기가 지름 20cm까지 자라는 '대창각전'이 있다.

키아노티스
Cyanotis

DATA

과　　명	닭의장풀과
원 산 지	아프리카, 남아시아, 오스트레일리아 북부
생 육 형	여름형
관　　수	봄 · 가을은 주 1회, 여름은 주 2회, 겨울은 2주에 1회
뿌리 굵기	가는 뿌리 타입
난 이 도	★★☆☆☆

　아프리카, 남아시아, 오스트레일리아 북부에 약 50종이 알려져 있다. 소형인데 약간 다육질이라서 종종 다육식물로 취급된다. 재배 방법은 같은 닭의장풀과인 트라데스칸티아(*Tradescantia* spp.)와 같으며, 차광을 많이 해 주면 잎 색이 선명해진다. 더위와 추위에 강한 강건한 식물이다.

▌ 은모관금(銀毛冠錦)
Cyanotis somaliensis f.variegata

닭의장풀의 한 종류로 잎에는 가는 털이 많이 나 있고 아름다운 무늬가 들어가 있다. 소형으로 만들기 쉬운 종류로 다른 다육식물에 비해서 관수를 많이 해줘야 한다.

틸란드시아
Tillandsia

DATA

과 명	파인애플과
원 산 지	미국 남부, 중남미
생 육 형	여름형
관 수	봄~가을은 주 1회, 겨울은 월 2회
뿌리 굵기	가는 뿌리 타입
난 이 도	★★★☆☆

미국 남부에서 중남미에 걸쳐 700종 이상이 알려진 파인애플과 식물이다. 많은 종류가 나무나 바위 등에 착생하는 착생식물로, 때로는 전선 등에 착생시켜 기르기도 한다. 숲이나 산지, 사막 등 자생지의 환경은 다양해서 종류에 따라 내건성이 다르다. 일반적으로 잎이 얇은 것은 비가 많은 지역, 잎이 두꺼운 것은 건조한 곳이 원산지라고 생각하면 된다. 생장이 느리기 때문에 시중에서 판매하는 대부분의 식물은 수입품이다.

흙 없이 재배가 가능하여 일반적으로는 '에어 플랜트'라는 이름으로 팔리고 있다. 그래서 "가끔 물을 스프레이 해주면 된다"는 잘못된 재배 방법이 알려져서, 재배에 실패하는 사람들이 많고 아주 많이 보급돼 있지는 않다. 의외로 건조에 약하므로 1주일에 한 번은 물에 30분 정도 담가 두어 수분을 충분히 흡수시킬 필요가 있다. 관수 후에는 잘 말려주어야 한다. 재배 장소는 밝은 반그늘이 적합하다. 바람이 잘 통하게 해주는 것도 중요하다.

알베르티아나
Tillandsia albertiana

아르헨티나 원산의 소형종으로 비교적 군생하기 쉽고, 짙은 빨간색의 아름다운 꽃이 핀다. 수분이 많아야 좋은 상태를 유지할 수 있어서 식물을 토분에 넣어두면 보습이 되어서 좋다.

안드레아나
Tillandsia andreana

콜롬비아 원산의 잎이 가는 종류로 바늘 모양 잎이 방송이처럼 보인다. 잎이 붉은 계통도 있다. 꽃이 특징적으로 빨간색 큰 꽃이 핀다. 꽃이 진 후에 어린 포기가 여러 개 생긴다.

반덴시스
Tillandsia bandensis

볼리비아~파라과이에 걸쳐서 분포하고 군생한다. 꽃은 매년
잘 피고 연한 보라색으로 향기도 좋다. 건조에 약하므로 물을
많이 주어야하지만, 잘 말려주어야 한다.

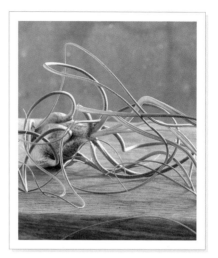

붓지이
Tillandsia butzii

전체적으로 흑자색 속무늬가 있고 잎이 꼬불꼬불하여 기묘한
모습이다. 건조에 약하므로 재배할 때는 물을 많이 준다. 잎이
완전히 동그랗게 말려서 안쪽이 안보일 정도가 되면 물이 부
족하다는 신호이다.

카에룰레아
Tillandsia caerulea

카에룰레아의 뜻은 푸른색이다. 이름 그대로 푸른색 꽃이 핀
다. 꽃이 잘 안 피는 계통도 있으므로 구입 시 꽃이 핀 개체를
고르는 것이 좋다. 걸어두어서 재배하면 관리가 쉽다.

카필라리스
Tillandsia capillaris

칠레, 페루, 에콰도르 등 넓은 지역에 분포하며 다양한 타입이
있다. 사진 속 식물은 줄기가 길게 자라는 타입이지만, 줄기가
거의 일어서지 않는 타입도 있다.

▶ 틸란드시아

푹시이
Tillandsia fuchsii f. fuchsii

몇 가지 타입이 알려진 푹시이 중에서도 잎이 짧고 작은 귀여
운 타입이다. 생육 사이클이 짧아서, 거의 1년 동안에 성숙하고
개화해서 어린 포기가 생긴다.

호우스톤 코튼캔디
Tillandsia houston 'Cotton Candy'

많이 유통되고 있는 강건한 교배종이다. 흰 가루를 뒤집어쓴
부드러운 잎은 마치 솜처럼 보인다. 핑크색의 풍성한 꽃이 핀
다.

이오난타 (무늬종)
Tillandsia ionantha f.variegata

자주 볼 수 있는 틸란드시아의 대표적인 종이다. 산지에 따라
형태와 색이 다르므로 이오난타 만을 모으는 수집가도 있다.
사진 속 개체는 무늬가 들어가서 아름답다.

이오난타 푸에고
Tillandsia ionantha 'Fuego'

이오난타 중에서도 특히 발색이 좋아서 '푸에고(불)'라고 불리
는 유명한 품종이다. 기본종은 개화기에 잎이 빨갛게 되지만,
이 품종은 일 년 내내 빨간색으로 아름답다.

프세우도바일레이
Tillandsia pseudobaileyi

프세우도는 가짜라는 의미로, 바일레이 보다 훨씬 크게 자란다. 잎은 딱딱하고 붓지이와 같이 물을 많이 준다. 비료를 잘 주면 30cm 정도까지 자란다.

벨루티나
Tillandsia velutina

작은 포기는 많이 유통되고 있다. 잘 키우면 흰 가루와 잎의 초록색, 빨간색의 대비가 아름답다. 매우 튼튼하다.

베르니코사 퍼플 자이언트
Tillandsia vernicosa 'Purple Giant'

아르헨티나, 볼리비아, 파라과이에서 자생하며 많은 타입이 있다. 사진 속 개체는 개체명이 있는 것으로 기본종보다 대형으로 햇빛이 잘 드는 곳에서 재배하면 보라색을 띠면서 아름답다. 꽃은 오렌지색이다.

크세로그라피카
Tillandsia xerographica

유통되고 있는 틸란드시아 중에서 대왕 같은 존재로 웅대한 모습이 인기가 많다. 커다란 것은 60cm 가 넘는다. 생장은 비교적 빠른 편이지만 꽃이 피기까지는 몇 년 걸린다.

딕키아
Dyckia

DATA

과　　명	파인애플과
원 산 지	브라질 등
생 육 형	여름형
관　　수	봄~가을은 주 1회, 겨울은 월 1회
뿌리 굵기	굵은 뿌리 타입
난 이 도	★★★☆☆

　　남미 산악 지대의 건조한 바위 위에서 자생하는 파인애플과 식물로 브라질을 중심으로 아르헨티나와 파라과이, 우루과이 등에 100종 이상이 알려져 있다. 단단하고 커다란 잎을 로제트형으로 펼치며, 잎에는 큰 거치가 있다. 샤프한 인상을 주는 조형적인 예리한 가시가 매력적으로 교배 등에 의해 원예 품종도 많이 만들어지고 있다. 더위에는 상당히 강하고, 여름철 더위에도 충분히 견딘다. 여름에도 햇빛을 충분히 받으면 건강하게 자란다. 일조 부족에 주의가 필요하다.

　　비교적 내한성도 있어서 물을 주지 않고 건조하게 관리하면 약 0도까지는 견딜 수 있지만, 겨울에는 실내에 들여놓는 것이 안전하다. 햇빛이 좋은 창가 등에서 관리한다.

　　봄~여름에 걸쳐 긴 꽃대가 나와서 노란색, 오렌지색, 빨간색 등의 꽃을 여러 개 피운다. 다른 파인애플과 식물은 꽃이 피면 그 포기는 죽는 경우가 많지만 딕키아는 죽지 않는다.

▎호검산(縞劍山)
▎*Dyckia brevifolia*

예로부터 잘 알려진 유명한 품종이다. 자생지는 물에 잠길 듯한 곳으로 물을 좋아하고 건조하면 아래쪽 잎이 마르게 되므로 주의한다.

▎브레비폴리아 옐로우그로우
▎*Dyckia brevifolia* 'Yellow Grow'

'호검산'의 반엽 품종으로 중심이 아름답게 노란색으로 물든다. 관수는 '호검산'과 같게 마르면 주고, 건조해지지 않도록 주의한다.

다우소니
Dyckia dawsonii

비교적 많이 보급된 종으로 몇 가지 타입이 있다. 사진 속 개체
는 짙은 색 끼리 교잡하여 만들어진 것으로 건조하게 재배하
면 붉은색을 띠고 수분이 많으면 검은색을 띠게 된다.

플라티필라
Dyckia platyphylla

야생종으로 알려졌지만 많은 타입이 같은 이름으로 유통되고
있다. 씨앗을 받아서 기르면 여러 종류가 생기므로 자연 교잡
종이나 인공적인 교잡종으로 생각된다.

마르니에르라포스톨레이 에스테벳시
Dyckia marnierlapostollei var. *estevesii*

흰가루에 덮인 잎이 아름다운 인기종이다. 사진은 거치가 길고
바늘 같은 털이 많은 변종이다. 일 년 내내 햇빛이 좋은 장소에
서 관리한다. 한여름의 강한 햇빛에서도 잎이 타지 않는다.

부를레마르크시
Dyckia burle-marxii

붉은빛이 강한 잎과 잎 테두리의 커다란 가시가 아름다운 야
생종이다. 우수한 야생종이지만 교잡을 위한 원종으로 사용된
경우는 별로 없다.

▶딕키아

▍렙토스타키아
▍*Dyckia leptostachya*

줄기의 기부가 덩이줄기처럼 비대해지는 희귀한 종류로, 기는
줄기로 번식한다. 사진 속 식물은 붉은색이 강한 선발품이다.

▍이름 없음
▍*Dyckia(goehringii×'Arizona')*

최근 태국에서 교배되어 수입된 것으로 아직 이름은 없다. 잎
이 짧은 고링기(**D. goehringii**) 같은 아름다운 품종이다.

브로멜리아
Bromelia

DATA

과 명	파인애플과
원 산 지	중남미
생 육 형	여름형
관 수	봄~가을은 주 1회, 겨울은 월 1회
뿌리 굵기	굵은 뿌리 타입
난 이 도	★★★☆☆

중남미를 중심으로 많은 종이 알려진 속이다. 거
의 유통되지 않지만 아주 가끔 사진의 브로멜리아 발
란사에의 반엽 개체를 볼 수 있다. 크게 자라면 잎의
테두리에 있는 강한 가시가 위험하므로 재배하는 사
람이 적다. 추위에 강하고 서리가 내리지 않는 곳에
서는 노지재배도 가능하다.

▍발란사에 (무늬종)
▍*Bromelia balansae f.variegata*

브로멜리아 속의 기본종인 발렌사에의 무늬종이다. 대형으로
노란 무늬와 빨간 가시의 대비가 아름답다. 가시가 매우 뾰족
하므로 주의가 필요하다.

크립탄투스
Cryptanthus

데우테로코니아
Deuterocohnia

푸야
Puya

남미 원산의 파인애플과 식물이다. 크립탄투스는 대부분 숲에서 자생하고 컬러풀한 잎이 매력적으로 관상식물로 이용되는 경우도 있다. 재배는 쉽다. 데우테로코니아는 소형으로 고산 지대에서 자라는 속으로 더위에 약하다. 푸야는 비교적 대형으로 날카로운 가시가 있어서 다치지 않도록 주의가 필요하다.

▌크립탄투스 와라시
Cryptanthus warasii

크립탄투스는 잎이 얇은 편이고, 관상식물로 취급되는 경우도 많지만, 이 종류는 흰색 비늘 같은 털(트리콤)이 있는 단단한 잎이 아름다워서 다육식물 애호가들에게도 인기가 많다.

▌데우테로코니아 클로란사
Deuterocohnia chlorantha

각각의 로제트는 폭 1.5cm 정도로 소형이지만 군생하여 밀생 포기가 된다. 일본 사이타마현에는 1m가 넘는 개체가 재배되고 있다. 예전에는 아브로메이티엘라(*Abromeitiella*) 속이었다.

▌푸야
Puya sp. *Colima Mex.*

푸야는 칠레나 아르헨티나 원산의 식물이 많지만, 이 품종은 멕시코 코리마가 원산인 독특한 종류이다. 흰빛이 도는 잎이 예쁘다.

PART 2

선인장

멕시코를 중심으로 남북 아메리카 대륙에 2,000종 이상 알려진 대표적인 다육식물로 예로부터 많은 종류가 관상용으로 유통되고 있다. 줄기가 다육질화 되어, 그 형태에 따라 단선(부채가 모여있는) 선인장, 기둥 선인장, 구슬 선인장으로 나뉘지만 그중에서도 동글동글한 구슬 선인장이 인기가 많다. 대부분은 잎이 가시로 변해서 수분의 증발을 막고 있지만, 가시가 없는 종류도 있다.

아리오카르푸스
Ariocarpus

DATA

과　　명	선인장과
원 산 지	멕시코
생 육 형	여름형
관　　수	봄~가을은 주 2회, 겨울은 월 1회
뿌리 굵기	가는 뿌리 타입
난 이 도	★★☆☆☆

　이전에는 아리오카르푸스속과 로세오칵투스속으로 나뉘어 있었지만, 현재는 아리오카르프스속으로 통합되었다. 생장은 느리지만, 재배 기술이 발전되어 아름다운 묘목을 국내에서도 많이 볼 수 있게 되었다. 추위에 약하므로 겨울 최저 온도는 5도 이상을 유지하도록 한다.

🌱 화목단(花牡丹)
Ariocarpus furfuraceus

아리오카르푸스 속에서 가장 큰 꽃을 피운다. '암목단'과 매우 비슷하므로 혼동하지 않도록 주의한다. 사진 속 식물은 폭 15cm 정도이다.

🌱 흑목단(黑牡丹)
Ariocarpus kotschoubeyanus

각각은 소형이지만 새끼 포기가 군생한다. 예쁜 군생주를 만들려면 수십 년은 걸린다.

🌱 구갑목단(龜甲牡丹)
Ariocarpus fissuratus

자좌의 하얀 털이 아름다운 종류이다. 추위에 약하므로 겨울에는 실내의 따뜻한 장소에서 재배한다.

고질라
Ariocarpus fissuratus 'Godzilla'

'구갑목단'의 돌연변이종이다. 괴수 고질라를 연상시키는 인기
품종이다.

희목단(姬牡丹)
Ariocarpus kotschoubeyanus var. macdowellii

'흑목단'의 변종으로 소형이며 흰색 또는 핑크색 꽃이 핀다. 사
진의 식물은 폭 5cm 정도이다.

용각목단(龍角牡丹)
Ariocarpus scapharostrus

소형으로 군생하는 타입이다. 목단류가 대부분 그렇지만 다육
식물과 비슷해서 인기가 있다.

삼각목단(三角牡丹)
Ariocarpus trigohus

잎(가시)이 삼각형이라 삼각목단이라 불린다. 사진의 식물은
가는 잎 타입으로 꽃은 옅은 노란색이다. 사진의 식물은 폭
20cm 정도이다.

아스트로피툼
Astrophytum

DATA

과 명	선인장과
원 산 지	멕시코
생 육 형	여름형
관 수	봄~가을은 주 2회, 겨울은 월 1회
뿌리 굵기	가는 뿌리 타입
난 이 도	★★☆☆☆

둥그런 몸체에 별을 뿌린 것 같은 하얀 점이 있어서 '유성류(有星類)'라고 불린다. 대부분은 가시가 없어 취급하기 쉽고, 변종이나 교배종이 풍부하여 지속적으로 인기가 많은 선인장이다. 무늬종도 인기가 있다. 추위에 약해서 겨울에는 5도 이상을 유지해야 한다. 강한 햇빛에 약하므로 여름에는 차광하여 관리한다.

▌투구(兜)
▌*Astrophytum asterias*

이 속에서 가장 인기가 있는 종류로 가시가 없는 선인장이다. 교배로 아름다운 타입이 많이 만들어져서 외국에서도 인기가 매우 많은 품종이다.

▌벽유리두(碧瑠璃兜)
▌*Astrophytum asterias* var. *nudum*

흰 점이 없는 '투구'에서 자좌의 솜 크기 등의 변화가 매력적이다. 지름은 8~15cm이다. 꼭대기에 옅은 노란색 꽃이 핀다. 겨울에는 관수를 거의 하지 않는다.

▌벽유리두금(碧瑠璃兜錦)
▌*Astrophytum asterias* var. *nudum* f.*variegata*

'벽유리두'의 무늬종으로 흰점이 없어서 노란색 무늬가 또렷하게 보인다. 사진 속 식물은 무늬가 한쪽에만 있는 개체로, 무늬가 있는 부분의 생장이 빠르므로 결국에는 한쪽으로 기울어지게 된다.

사각봉황옥(四角鸞鳳玉)
Astrophytum myriostigma

기본은 오각이지만, 사진 속 식물은 사각이므로 '사각봉황옥'
이라고 부른다. 삼각짜리도 있지만 결국에는 모서리가 늘어나
서 최종적으로 철화종이 되기도 한다.

벽유리봉황옥(碧瑠璃鸞鳳玉)
Astrophytum myriostigma var. *nudum*

'봉황옥'에 흰점이 없는 타입이다. 사진의 식물과 같이 능 부분
이 통통해서 둥그런 타입이 인기가 있다.

봉황옥금(鸞鳳玉錦)
Astrophytum myriostigma f.*variegata*

'봉황옥'의 반엽 품종이다. 사진의 식물은 흰점이 거의 보이지
않을 정도로 화려한 무늬가 매우 아름다운 개체이다.

벽유리봉황옥금(碧瑠璃鸞鳳玉錦)
Astrophytum myriostigma var. *nudum* f.*variegata*

'벽유리봉황옥'의 노란 무늬종이다. 흰점이 없어서 초록색 바탕
에 노란색 무늬가 뚜렷하다. 아름다운 무늬 선인장의 한 종류
이다.

코피아포아
Copiapoa

DATA

과　　명	선인장과
원 산 지	칠레
생 육 형	여름형
관　　수	봄~가을은 주 2회, 겨울은 월 1회
뿌리 굵기	가는 뿌리 타입
난 이 도	★★☆☆☆

　칠레 원산의 선인장으로 강우량이 매우 적은 건조지에서 자란다. 성장이 매우 느려서 지금까지는 성체를 수입해야만 볼 수 있었는데, 최근에는 종자번식을 시킬 수 있게 되어서 우량종을 많이 볼 수 있게 되었다. 꽃은 노란색으로 작다. 관수를 적게 하면서 천천히 키워야 한다.

흑왕환(黒王丸)
Copiapoa cinerea

코피아포아 속의 대표적인 선인장이다. 청백색의 바탕에 가시가 돋보인다. 생장은 느리지만 결국에는 훌륭한 군생주로 자란다.

흑자관 · 국자관(黒子冠 · 国子冠)
Copiapoa cinerea var. *dealbata*

'흑왕환'의 변종으로 긴 검은 가시가 특징이다. '흑왕환'와 같이 어린 포기가 생겨서 군생주를 형성한다. 처음에는 둥근 모양이지만 결국에는 원주형으로 자란다.

히포가에아 바르퀴텐시스
Copiapoa hypogaea var. *barquitensis*

칠레 원산의 히포가에아의 가시가 없는 (매우 짧은) 귀여운 변종이다. 소형으로 각각의 지름은 3cm 정도이다. 봄에서 여름까지 노란 꽃이 핀다.

디스코칵투스
Discocactus

DATA

과　　명	선인장과
원 산 지	브라질
생 육 형	여름형
관　　수	봄～가을은 주 2회, 겨울은 월 1회
뿌리 굵기	가는 뿌리 타입
난 이 도	★★☆☆☆

　브라질 원산의 선인장이다. 속명에 '디스코'라는 단어가 있는 것에서 추측할 수 있듯이 원반같이 동글납작한 모양이 특징이다. 추위에 약하므로 겨울철 휴면기에는 물을 주지 말아야 한다. 개화기가 되면 생장점에 화좌를 형성해서 꽃을 피운다. 꽃은 흰색으로 밤에 피고, 한 송이만 피어도 온실 전체에서 향기가 날 정도로 좋은 향기를 즐길 수 있다.

▌ 백조관(白条冠)
Discocactus arauneispinus

하얗고 긴 가시가 새 둥지처럼 말려 있어서 속의 몸체가 잘 보이지 않을 정도이다. 오랜기간 키우면 어린 포기가 생겨서 군생한다.

▌ 호르스티
Discocactus horstii

디스코칵투스 속 중에서 가장 작은 종류로 지름 5~6cm 정도밖에 안 된다. 가시가 구체에 밀착되어 있어서 만져도 따갑지 않은 것도 인기의 이유이다.

▌ 트리코르니스 기간테우스
Discocactus tricornis var. *giganteus*

트리코르니스가 약간 대형으로 자라는 변종이다. 검은색이고 강한 가시가 매력적으로 디스코 선인장 중에서도 인기있는 종류이다.

에키노세레우스
Echinocereus

DATA

과 명	선인장과
원 산 지	미국 남부. 멕시코
생 육 형	여름형
관 수	봄~가을은 주 2회, 겨울은 월 1회
뿌리 굵기	가는 뿌리 타입
난 이 도	★★☆☆☆

멕시코에서부터 뉴멕시코, 아리조나, 텍사스. 캘리
포니아에 걸쳐 약 50종이 알려져 있다.

소형으로 군생하는 종류가 많고, 봄부터 여름에 걸
쳐 핑크색이나 오렌지색, 노란색 등의 크고 아름다
운 꽃이 피어서 꽃선인장으로 인기가 많다.

▌ 위미옥 (衛美玉)
▌ *Echinocereus fendleri*

멕시코 북부 원산의 기둥 선인장으로 가시가 많은 것이 특징
이다. 봄~가을에 선명한 핑크색 꽃이 핀다. 대개 꽃은 하루 동
안만 피고 나서 진다.

▌ 자태양 (紫太陽)
▌ *Echinocereus pectinata* var. *rigidissimus* 'Purpleus'

멕시코 원산. 에키노세레우스 속 중에서 가장 인기가 많은 종
으로 보라색 가시의 그러데이션(변화에 따라진다)이 매년 계속되
어 아름답다. 햇빛이 잘 드는 곳에서 재배하면 더욱 아름다워
진다. 꽃은 봄에 핀다.

▌ 여광환 (麗光丸)
▌ *Echinocereus reichenbachii*

미국 남부, 멕시코 원산으로 많은 변종이 있지만. 이 종이 기본
종이다. 꽃은 핑크색, 지름 6~7cm 정도로 봄에 핀다. 햇빛이
좋고 바람이 잘 통하는 곳을 좋아한다.

에피텔란타
Epithelantha

DATA

과 명	선인장과
원 산 지	멕시코, 미국
생 육 형	여름형
관 수	봄~가을은 2주에 1회, 겨울은 월 1회
뿌리 굵기	가는 뿌리 타입
난 이 도	★★☆☆☆

　북미에서 멕시코까지가 원산지인 작은 구형 또는 원기둥 형태의 선인장이다. '월세계', '대월환' 등의 품종이 있다. 소형종이 많고, 가시는 매우 가늘고 섬세하며 군생하는 타입이 많다. 군생주는 특히 바람이 잘 통하는 장소에서 재배해야 한다.

▌천세계(天世界)
Epithelantha grusonii

소형으로 좋은 군생주를 형성한다. 하얀색 가시가 밀생해서 표면이 보이지 않을 정도이다. 빨간색으로 보이는 것은 꽃이 끝난 후에 생기는 열매로 오랜 기간 즐길 수 있다.

▌소인 모자(小人の帽子)
Epithelantha horizonthalonius

소형으로 군생주를 형성한다. 짧은 가시가 표면에 밀착되어 있어서 만져도 아프지 않다. 깍지벌레가 발생하면 퇴치하기 어려운 것이 이 속을 재배하는데 있어서 가장 어려운 점이다.

▌미크로메리스 롱기스피나
Epithelantha micromeris var. *longispina*

인기종이다. 하얀색 부드러운 가시에 덮여있고 어린 포기를 번식시켜서 군생한다. 끝이 검고 뾰족한 가시가 있으므로 되도록 만지지 않도록 한다. 겨울에는 실내에서 관리한다.

에키노칵투스
Echinocactus

DATA

과 명	선인장과
원 산 지	멕시코, 미국
생 육 형	여름형
관 수	봄~가을은 2주에 1회, 겨울은 월 1회
뿌리 굵기	가는 뿌리 타입
난 이 도	★★☆☆☆

금호(金鯱)
Echinocactus grusonii

선인장의 대표 격이라고 할 수 있는 종으로, 자생지가 수몰해서 멸종 위기에 처해있어 현존하는 개체들이 더욱 소중하다. 노란색 가시가 특징적이며, 크게 키우면 1m 이상이 된다.

능(稜)이 여러 개로 갈라져 있고, 자좌(刺座)에서 날카로운 가시가 나오는 선인장이다. 모양은 구형 또는 술통형으로 생장하면 50cm 이상이 되기도 한다.

햇빛이 잘 드는 곳을 좋아하고, 일조가 부족하면 가시가 빈약해질 수 있다. 겨울에도 5도 이상의 온도가 필요하다. 밤과 낮의 온도 차가 클수록 빠르게 생장한다.

흑자태평환(黒刺太平丸)
Echinocactus horizonthalonius f.

'태평환'의 검은색 가시 타입. 사진의 개체는 씨앗을 발아시켜 키운 것으로 훌륭한 포기이다. 생장이 느리므로 천천히 오랜 기간 키워야 한다.

대룡관(大竜冠)
Echinocactus polycephalus

재배가 어려운 종류이지만 최근에는 씨앗부터 키운 식물이 출하되어 수입 포기는 거의 구할 수 없게 되었다고 한다. 사진 속 식물도 씨앗부터 키운 개체이다.

에키놉시스
Echinopsis

DATA

과 명	선인장과
원 산 지	남미
생 육 형	여름형
관 수	봄~가을은 주 2회, 겨울은 월 1회
뿌리 굵기	가는 뿌리 타입
난 이 도	★★☆☆☆

브라질 남부, 우루과이, 파라과이, 아르헨티나, 볼리비아에 걸쳐서 100종이 넘게 알려져 있고, 원예품종도 많이 만들어지고 있다. 일본에서는 1910년대부터 재배되어 민가의 처마 밑 같은 곳에서 많이 볼 수 있다. 튼튼하고 재배가 용이하며, 접목할 때 대목으로 사용하기도 한다.

세계도(世界の図)
Echinopsis eyriesii f.variegata

기본종인 에리에시단모환는 민가의 처마 밑에서도 군생주를 자주 볼 수 있는, 선인장 중에서 가장 보급된 종이다. 이 종류는 노란색 무늬종이다. 사진 속 식물은 폭 10cm 정도이다.

에스코바리아
Escobaria

DATA

과 명	선인장과
원 산 지	미국 남서부, 멕시코
생 육 형	여름형
관 수	봄~가을은 주 2회, 겨울은 월 1회
뿌리 굵기	가는 뿌리 타입
난 이 도	★★☆☆☆

멕시코에서 텍사스에 길쳐 약 20종이 알려진 소박한 작은 속이다. 대개는 소형으로, 군생하고 크기에 비해서 커다란 꽃을 피워서 인기가 있다. 현재는 자생지도 소멸되고 있어, 워싱턴 조약 제1종에 지정되어 보호되고 있는 종류이다.

레이
Escobaria leei

소형 종류로 군생주를 형성한다. '용신목' 등에 접목해서 몇 년 지나면 사진 같은 군생주가 된다. 사진 속 식물은 폭 10cm 정도이다.

페로칵투스
Ferocactus

DATA

과 명	선인장과
원 산 지	미국 남서부
생 육 형	여름형
관 수	봄~가을은 주 1회, 겨울은 월 1회
뿌리 굵기	가는 뿌리 타입
난 이 도	★★☆☆☆

에키노칵투스와 마찬가지로 아름다운 가시를 가진 종류가 많은 선인장이다. 가시는 색도 중요해서 노란색의 가시를 가진 강건종인 '금관룡'이나, 빨간색 가시를 가진 '적봉' 등이 유명하다. 적절한 시기의 화분 갈이가 중요해서 지나치게 뿌리가 많이 자라서 생육이 나빠지면 가시에도 좋지 않다.

금관룡(金冠竜)
Ferocactus chrysacanthus

노란색 멋진 가시를 가진 구형 타입이다. 가끔 빨간 가시를 가진 종도 볼 수 있다. 햇빛이 잘 들고 바람이 잘 통하는 환경에서 재배한다. 습도가 높으면 자좌가 상하기 쉬우므로 주의가 필요하다.

용봉옥(龍鳳玉)
Ferocactus gatesii

아름다운 가시를 가진 선인장이다. 나온 지 얼마 안 된 가시는 빨간색으로 매우 아름답다. 여름에는 휴지시키고 겨울에 자라게 한다.

일출환(日の出丸)
Ferocactus latispinus

가시가 아름다운 선인장으로 노란색 폭이 넓은 가시와 빨간 가시가 조화롭다. 유통되는 것은 작은 크기가 많지만, 다 성장하면 지름 40cm 정도가 된다.

게오힌토니아
Geohintonia

DATA

과 명	선인장과
원 산 지	멕시코
생 육 형	여름형
관 수	봄~가을은 주 2회, 겨울은 월 1회
뿌리 굵기	가는 뿌리 타입
난 이 도	★★☆☆☆

20세기 말에 멕시코 산지의 석회암 사면에서 발견되어서 1992년에 처음으로 기재된 '게오힌토니아 멕시카나' 한 종뿐인 새로운 속이다. 속명은 발견자인 조지 세바스찬 힌톤의 이름에서 유래한다. 생장은 매우 느리고 지름 10cm 정도까지 자란다.

멕시카나
Geohintonia mexicana

아즈텍 힌토니(p.82)와 같이 생장이 느리다. 사진 속 식물은 씨앗부터 길러서 6년째인 개화 포기로 폭이 6cm 정도이다.

호말로케팔라
Homalocephala

DATA

과 명	선인장과
원 산 지	텍사스, 뉴멕시코, 멕시코 북부
생 육 형	여름형
관 수	봄~가을은 주 2회, 겨울은 월 1회
뿌리 굵기	가는 뿌리 타입
난 이 도	★★☆☆☆

'호말로케팔라 텍센시스' 한 종만이 알려진 1속 1종인 선인장이다. 예로부터 도입되어 '능파'라는 이름으로 알려져 있다.

구형이며, 군생하지 않는다. 꽃은 핑크색의 깔대기 형태로 하얀 포가 있다. 재배 방법은 에키노칵투스 속과 같다.

능파(綾波) 몬스터
Homalocephala texensis f.monstrosa

미국 서부~멕시코에 걸쳐서 자생하는 '능파'의 생장점이 많은 석화개체이다. 그리고, '능파'는 에키노칵투스 속으로 분류되는 경우도 있다.

짐노칼리시움
Gymnocalycium

DATA

과 명	선인장과
원 산 지	아르헨티나, 브라질, 볼리비아
생 육 형	여름형
관 수	봄~가을은 2주에 1회, 겨울은 월 1회
뿌리 굵기	가는 뿌리 타입
난 이 도	★★☆☆☆

아르헨티나, 브라질, 볼리비아의 초원 지대에서 70종 정도 가 알 려 진 남 미 선 인 장 이 다. 지 름 4~15cm 정도의 소형종이 많고 형태도 단순한 것이 많아서, 예로부터 소박한 것을 좋아하는 애호가들에게 인기가 있다. 초원지대에 자생하는 선인장이라 보통 선인장보다는 직사광선을 좋아하지 않는 것이 많고, 관수도 약간 많이 필요로 한다. 추위에는 그다지 강하지 않으므로, 겨울에는 실내에서 5도 이상을 유지해 주어야 한다.

겨울에 햇빛이 잘 드는 곳에서 관리하면 꽃이 잘 피고, 봄에서 가을에 걸쳐서 기다란 꽃봉오리를 형성하여 계속 개화한다. 꽃이 잘 피는 편이고, 빨간색 꽃의 '배화왕'이나 노란 꽃의 '치용옥' 이외에는 거의 하얀색 꽃이 핀다.

'배목단' 등의 빨간 종류나 무늬종은 엽록소가 적어서 일반적인 종류보다 재배 관리가 어렵다. 전체가 빨간 것은 엽록소가 없고, 스스로는 자랄 수 없으므로 '삼각주'나 '용신목'에 접목해서 키운다.

▌취황관금(翠晃冠錦)
▌*Gymnocalycium anisitsii f.variegata*

'취황관'의 적황 무늬 품종이다. 선인장의 무늬종은 한쪽 부분만 색이 다른 경우가 많지만 이 개체는 균등하게 무늬가 들어가서 훌륭하다. 무늬종이지만 튼튼하다.

▌봉두(鳳頭)
▌*Gymnocalycium asterium*

콤팩트한 형태로 매우 짧은 검은색 가시가 잘 어울린다. 소박하면서 차분한 모습이 멋지다.

괴룡환(怪竜丸)
Gymnocalycium bodenbenderianum f.

이 종에는 다양한 타입이 있지만 사진 속 개체는 우형종이다. 평평한 원반 같은 모습이 매력적이다.

여사환(麗蛇丸)
Gymnocalycium damsii

반짝이는 몸체가 매력적인 선인장으로 표면에 요철이 있다. 이 속 중에서 가장 햇빛이 약한 장소를 가장 좋아하는 것이므로, 실내 창가 등에서 재배하는 것이 좋다.

양관(良寛)
Gymnocalycium chiquitanum

'양관'의 학명이 혼동되고 있어서 두 가지 계통이 같은 이름으로 불리고 있다. 사진은 가시가 긴 타입이다.

히보플레우룸 페로시오르
Gymnocalycium hybopleurum var. *ferosior*

짐노카리시움 속 중에서 가장 강력한 가시를 가지고 있다. '투취옥', '맹취옥'과 함께 강한 가시를 좋아하는 사람들을 매료시키는 종류이다.

▌ 배목단금 (緋牡丹錦)
Gymnocalycium mihanovichii var. friedrichii f.variegata

'목단옥(*G. mihanovichii*)'의 변종으로 선명한 빨간 무늬가 있는 타입이다. 재배는 어렵고, 직사광선을 싫어하므로 차광해 주는 것이 좋다.

▌ 배목단금오색반 (緋牡丹錦五色斑)
Gymnocalycium mihanovichii var. friedrichii f.variegata

빨강, 초록, 노랑, 주황, 검정 5가지 색의 '배목단금'이다. 멋진 무늬종이다. 사진 속 식물은 폭 5cm정도이다.

▌ 백자신천지금 (白刺新天地錦)
Gymnocalycium saglione f.variegata

짐노카리시움 속 중에서는 대형종으로 구 하나가 50cm 정도 까지 자라는 멋진 품종이다. 사진 속 식물은 하얀색 가시 타입 이다.

▌ 밧데리 (1가시 타입)
Gymnocalycium vatteri

가시는 보통 하나씩 나오지만 2～3개씩 나오는 것도 있다. 1가 시인 우량품을 '춘추호'라고도 부른다.

로포포라
Lophophora

DATA

과 명	선인장과
원 산 지	멕시코. 텍사스
생 육 형	여름형
관 수	봄~가을은 주 2회. 겨울은 월 1회
뿌리 굵기	가는 뿌리 타입
난 이 도	★★☆☆☆

　텍사스에서 멕시코에 걸쳐 3종이 알려진 작은 속이다. 부드러운 몸체에 가시가 없는 무방비한 모습을 하고 있지만, 독성분을 가지고 있어서 새나 동물로부터 자신을 방어한다고 한다. 가시가 없어서 취급하기 쉽고, 튼튼해서 오랜 기간 재배하면 멋진 군생주를 만들 수 있다.

취관옥 (翠冠玉)
Lophophora tiegleri

옅은 초록색의 표면은 부드럽고, 작고 하얀 꽃이 핀다. '백관옥 (*Lophophora echinata* var. *deffusa*)'와는 다른 종이라는 의견도 있다.

오우옥 (烏羽玉)
Lophophora williamsii

로포포라 속의 대표종이다. 성장은 느리지만 튼튼하고 재배하기 쉬운 종류이다. 울퉁불퉁한 돌기 끝에 달려 있는 털에 물이 묻지 않도록 주의한다.

은관옥 (銀冠玉)
Lophophora williamsii var. *decipiens*

약간 작은 로포포라이다. 귀여운 핑크색 꽃이 핀다.

맘밀라리아
Mammillaria

DATA

과　　명	선인장과
원 산 지	미국, 남미, 서인도제도
생 육 형	여름형
관　　수	봄～가을은 2주에 1회, 겨울은 월 1회
뿌리 굵기	가는 뿌리 타입
난 이 도	★☆☆☆☆

멕시코를 중심으로 400종류가 넘는 커다란 그룹이다. 형태는 구형에서 원통형으로, 어린 포기를 만들어서 군생하는 타입도 있다. 가시의 형태도 다양하다. 소형종이 많고 컬렉션하기 좋은 선인장이라고 할 수 있다. '맘밀라리아'는 '돌기가 있다'는 의미로 돌기 끝에 가시가 있다.

꽃은 대부분 작고, 쉽게 개화하는 종류와 잘 개화하지 않는 종류가 있다. 매우 강건한 종류가 많아서, 가장 재배하기 쉬운 종류 중 하나이다. 기본적으로 햇빛이 잘 들고 바람이 잘 통하는 곳에서 재배하면 튼튼하게 기를 수 있다. 햇빛을 잘 쬐면 웃자라지 않고 실하게 자란 구형으로 깊은 색을 낸다.

튼튼한 종류라고는 하지만 여름의 과습기에는 주의가 필요하다. 물을 지나치게 많이 주거나 습하면 썩어버리는 경우도 있다. 되도록 바람이 잘 통하도록 해 주는 것이 잘 기르는 요령이다.

▌ 부카렐리엔시스 에르사무
▌ *Mammillaria bucareliensis* 'Erusamu'

부카렐리엔시스의 가시가 없는 품종으로 자좌의 끝에는 솜털만 생긴다. 봄이 시작될 때 작은 핑크색 꽃이 핀다.

▌ 카르메나에
▌ *Mammillaria carmenae*

모양은 구형에서 원기둥 형태이다. 울퉁불퉁한 돌기 끝에 가느다랗고 아주 많은 가시가 방사상으로 생기는 것이 특징이다. 봄에 흰색과 핑크색의 작은 꽃이 핀다.

고기환(高崎丸)
Mammillaria eichlamii

고기(高崎)는 일본어로 읽으면 '다카사키'로, 일본 지명을 이름
으로 붙인 것이다. 일본 군마현에서만 출하하고 있는 희귀한
품종이다.

금수구(金手毬)
Mammillaria elongata

좁은 원기둥 모양의 맘밀라리아로, 뒤로 젖혀진 가는 노란 가
시를 가지고 있다. 기부에서 어린 포기가 나와 군생하는 타입
이다. 석화종도 많이 있다.

백조(白鳥)
Mammillaria herrerae

멕시코에 분포하는 맘밀라리아. 하얗고 섬세한 가시가 아름답
다. 기부에서 어린 포기가 나와서 번식한다. 꽃은 크고 녹색 수
술이 예쁘다.

희춘성(姫春星)
Mammillaria humboldtii var. *caespitosa*

어린 포기를 많이 만들어서 돔 형태의 군생주를 이룬다. 꽃은
보랏빛이 나는 분홍색으로 봄에 핀다. 햇빛이 잘 드는 곳에서
키운다. 사진 속 식물은 폭 10cm 정도이다.

라우이
Mammillaria laui

작은 구형 포기가 군생하는 맘밀라리아. 봄~초여름에 걸쳐 핑크색의 작은 꽃이 핀다. 겨울에 햇빛이 잘 드는 곳에서 관리하면 꽃이 많이 핀다.

루에띠
Mammillaria luethyi

1990년대에 재발견된 선인장으로 커다란 핑크색 꽃이 핀다. 시중에 있는 것은 거의 접목한 것이지만 자근묘로 되돌리기도 쉽다.

아란환(雅卵丸)
Mammillaria magallanii

옅은 핑크색 가시에 둘러싸인 소형 맘밀라리아. 어린 포기가 많이 생겨서 보기 좋은 군생주를 형성한다. 꽃은 흰색으로 핑크색 선이 중간에 들어가 있다.

양염(陽炎)
Mammillaria pennispinosa

멕시코에 분포하는 맘밀라리아. 빨간색 가시와 흰 섬세한 털이 아름답다. 만지면 가시와 털이 떨어지므로 주의해야 한다. 재배가 어려운 종류로 알려져 있다.

백성(白星)
Mammillaria plumosa

멕시코에 분포하는 맘밀라리아. 눈이 쌓인 것같이 하얀 털이
식물 전체를 덮고 있다. 하얀 털을 깨끗하게 유지하기 위해서
는 물을 위에서 주지 않도록 주의한다.

송하(松霞)
Mammillaria prolifera

예로부터 재배되고 있는 고전 선인장 중 하나이다. 추위에 강
해서 겨울에도 3도 이상이면 견딜 수 있다. 꽃이 지고 나서 빨
간색 열매가 많이 열려서 예쁘다.

은명성(銀の明星)
Mammillaria schiedeana f.

'명성'의 가시가 하얀 품종이다. '명성'보다 약간 작지만 군생해
서 예쁘다. 소박한 느낌이다.

월령환(月影丸)
Mammillaria zeilmanniana

크기가 작을 때도 잘 개화한다. 씨앗으로 번식시켜도 단기간에
개화하므로 원예점 등에서 자주 볼 수 있지만 의외로 재배하
기 어려운 품종이다. 어린 포기를 많이 만들어서 군생한다.

노토칵투스
Notocactus

DATA

과　　명	선인장과
원 산 지	멕시코 ~ 아르헨티나
생 육 형	여름형
관　　수	봄~가을은 주 2회, 겨울은 월 1회
뿌리 굵기	가는 뿌리 타입
난 이 도	★★☆☆☆

　멕시코에서 아르헨티나에 걸쳐 30종 정도가 알려진 구형 선인장으로, 예전에는 에리오칵투스 (*Eriocactus*) 속이었던 '금황환'도 더해져 대가족이 되었다. 생장이 빠르고 금방 개화 포기가 되어 꽃을 많이 피운다. 그만큼 노화도 빨라서 아름다운 군생주는 거의 볼 수 없다.

▌헤르테리
Notocactus herteri

커다랗고 아름다운 꽃이 핀다. 튼튼하고 재배하기 쉬운 선인장이다. 비슷한 외관의 근연종이 많다.

▌금황환(金晃丸)
Notocactus leninghausii

생장하면 지름 30cm 정도의 원기둥 모양으로 자란다. 기부에서 어린 포기가 나와서 군생한다. 봄~여름에 4cm 정도의 노란 꽃이 핀다. 에리오칵투스 속에서 이 속의 편입했다.

▌홍소정(紅小町)
Notocactus scopa var. *ruberri*

하얀색 섬세한 가시(털)에 보라색 가시가 더해져 예쁘다. 소형종이지만 어린 포기가 많이 생겨서 군생주가 된다.

오푼티아
Opuntia

DATA

과　　명	선인장과
원 산 지	미국, 멕시코, 남미
생 육 형	여름형
관　　수	봄~가을은 주 2회, 겨울은 월 1회
뿌리 굵기	가는 뿌리 타입
난 이 도	★★☆☆☆

　평평한 부채 같은 줄기를 가진 선인장이다. 주걱 모양의 줄기마디 하나가 50cm 이상 되는 것, 손가락 한 마디 정도인 것 등 크기가 다양하다. 튼튼하고 번식력도 강해서 재배하기 쉽다. 햇빛이 잘 들고 바람이 잘 통하는 곳에서 관리하면 쑥쑥 자란다. 눈꽂이 등의 방법으로 간단하게 번식시킬 수 있다.

금오모자(金烏帽子)
Opuntia microdasys

귀여운 모습의 소형 부채 선인장이다. 가느다란 가지가 많아서 찔리면 빼기 어려우므로 만지지 않도록 주의한다.

백도선(象牙団扇)
Opuntia microdasys var. albispina

토끼 선인장이라는 별명이 있다. 소형 부채 선인장으로 노란색의 작은 꽃이 핀다. 기르기 쉬운 품종이다. 번식력도 왕성해서 줄기 끝에 새로운 눈이 많이 생긴다.

백계관(白鶏冠)
Opuntia clavarioides f.cristata

유니크한 모양의 희귀한 품종으로 '용단선'의 철화종이다. 부채 선인장의 한 종류로 오푼티아라고 분류돼 있지만, 최근에는 아우스트로사이린드로푼티아(*Austrocylindropuntia*) 속으로 분류되기도 한다.

투르비니카르푸스
Turbinicarpus

DATA

과　　　명	선인장과
원 산 지	멕시코
생 육 형	여름형
관　　　수	봄~가을은 주 2회, 겨울은 월 1회
뿌리 굵기	가는 뿌리 타입
난 이 도	★★☆☆☆

　멕시코에 10종 정도가 알려진 소형 선인장으로 군생주를 이룬다. 자생지에서는 멸종 위기에 처해있어서 사이테스(CITES) 협약 제1급에 지정되어 보호되고 있지만, 자가 수분으로 씨앗을 채취할 수 있는 종류도 있어서 묘목을 구하기는 그다지 어렵지 않다.

정교전 (精巧殿)
Turbinicarpus pseudopectinatus

유니크한 모양의 자좌가 가지런히 늘어선 아름다운 종류이다. 날카로운 가시가 없어서 안전하다. 생장은 느리지만, 확실히 좋은 포기로 키울 수 있는 추천 품종이다.

로세이플로라
Turbinicarpus roseiflora

작은 포기가 군생하고, 검은 가시가 생긴다. 이 속의 식물 중에서는 드물게 핑크색의 가련한 꽃이 핀다.

승룡환 (昇竜丸)
Turbinicarpus schmiedickeanus

투르비니카르푸스 속의 대표종으로 소형이지만 군생주를 이루면 멋지다. 사진 속 식물은 전체 폭이 15cm 정도이다.

우에벨만니아
Uebelmannia

DATA

과 명	선인장과
원 산 지	브라질 동부
생 육 형	여름형
관 수	봄~가을은 주 2회, 겨울은 월 1회
뿌리 굵기	가는 뿌리 타입
난 이 도	★★☆☆☆

1966년에 발견된 비교적 새로운 속으로 속명은 발견자인 '유벨만'의 이름에서 유래한다. 펙티니페라와 플라비스피나 등 5~6종이 브라질 동부에 분포한다.

생장은 느리지만 매우 강건하고 어린 묘목일 때만 주의하면 그 후로는 순조롭게 잘 자란다.

장성환(長城丸)
Turbinicarupus pseudomacrochele

멕시코 원산의 투르비니카르푸스로 자좌의 털과 구부러진 가시가 독특하다. 봄에 약간 큰 핑크색 꽃이 핀다.

플라비스피나
Uebelmannia flavispina

노란색 가시를 가진 우에벨만니아로 꽃도 노란색이다. 사진 속 식물은 폭 10cm 정도이지만 더 자라면 원기둥 형태가 된다.

펙티니페라
Uebelmannia pectinifera

우에벨만니아속의 대표종이다. 여름에는 녹색이지만, 가을이 되면 보라색이 되어 예쁘다. 사진 속 식물은 폭 10cm 정도이다.

아즈테키움
Aztekium

브라실리칵투스
Brasilicactus

세레우스
Cereus

아즈테키움은 멕시코에서 릿테리(**A. ritteri**) 한 종만 있는 것으로 알려졌었지만, 1992년에 힌토니가 발견되어 2종이 되었다. 브라실리칵투스도 브라질에서 2종만이 발견된 작은 속이다. 세레우스는 서식지가 광범위한 기둥 선인장의 한 종류이다.

아즈테키움 힌토니
Aztekium hintonii

최근에 발견된 신종이다. 생장은 매우 느리지만 재배하기 어렵지 않고, 잘 키우면 폭과 높이가 모두 10cm 정도로 자란다.

설황(雪晃)
Brasilicactus haselbergii

빽빽하게 나 있는 하얀 가시와 붉은 꽃의 대비가 아름답다. 꽃은 봄과 가을에 핀다. 생장이 빠르고 꽃이 금방 피지만, 수명이 짧다.

금사자(金獅子)
Cereus variabilis f.monstrosa

가시는 갈색으로 부드럽고 석화되어서 덩어리처럼 되는 경우가 많은 품종이다. 겨울에는 실내에서 관리하고 5도 이상을 유지해야 한다. 삽목으로 간단하게 번식할 수 있다.

에스포스토아
Espostoa

크라인지아
Krainzia

레욱텐베르기아
Leuchtenbergia

에스포스토아는 페루에 약 6종류가 분포하고, 전체에 하얀 털이 덮여있는 기둥 선인장이다. 크라인지아는 멕시코에 2종류가 있는 작은 종으로 처음에는 구형이다가 나중에는 원기둥 모양으로 자란다. 레욱텐베르기아는 멕시코에 1종만 있다고 한다. 잡초 사이에서 자생하는 식물로 강한 햇빛이 들지 않는 장소에서 재배한다.

▍노락(老楽)
Espostoa lanata

하얀색 털이 밀생하고 전체를 덮고 있는 기둥 선인장. 흰색의 긴 털은 직사광선을 피하는 역할과 추위를 피하기 위한 보온재 역할을 한다고 한다.

▍훈광전(薫光殿)
Krainzia guelzowiana 'Kunkouden'

크라인지아 속은 이 종류 이외에 2~3종이 있는 작은 속이다. 부드러운 몸체에 상처가 나지 않도록 주의해야 한다.

▍황산(晃山)
Leuchtenbergia principis

'광산'이라고도 한다. 1속 1종으로 다육식물 같은 독특한 외관을 가지고 있다. 페로칵투스 속과 교잡하여 교잡종(페로베르기아)을 만들 수도 있다.

로비비아
Lobivia

미르틸로칵투스
Myrtillocactus

네오포르테리아
Neoporteria

화경환(花鏡丸)
Lobivia 'Hanakagamimaru'

로비비아 속의 꽃을 관상하는 선인장으로 인기가 많다. 평소 모습은 눈에 잘 띄지 않지만, 꽃이 피면 화려하다.

로비비아는 아르헨티나~페루에 걸쳐 약 150종이 분포하는 커다란 속으로. 다화성(多花性)이며 꽃이 아름다워 꽃선인장으로서 사랑받고 있다. 미르틸로 칵투스는 '용신목'이 대표적인 기둥 선인장으로 멕시코에 4종류가 알려져 있다. 네오포르테리아는 칠레에 20종 정도가 알려져 있는 중형의 구슬 선인장이다.

용신목 _ 철화(竜神木 _ 綴化)
Myrtillocactus geometrizans f.cristata

'용신목'의 철화종으로 기이한 모습이 재미있다. 이유는 모르겠지만 이탈리아에서 특히 인기가 많다. 깍지벌레가 생기기 쉬우므로 주의한다.

연마옥(恋魔玉)
Neoporteria coimasensis

잿빛의 날카로운 가시가 매력적이다. 생장하면 꼭대기에 꽃이 핀다. 이른 봄에 다른 선인장보다 먼저 아름다운 핑크색 큰 꽃이 핀다.

오브레고니아
Obregonia

오레오세레우스
Oreocereus

오르테고칵투스
Ortegocactus

오브레고니아는 멕시코 원산의 1속 1종의 구형 선인장이다. 오레오세레우스는 페루, 칠레에 약 6종이 자생하는 소형 기둥 선인장으로 긴 가시와 긴 털이 특징이다. 오르테고칵투스는 막도우갈리 1종만이 멕시코에 자생하는 독특한 1속 1종 선인장이다.

제관(帝冠)
Obregonia denegrii

목단 종류(*Ariocaupus*속)와 비슷한 1종 1속의 선인장이다. 작은 묘목일 때는 성장이 느리고 약하지만 크게 자라면 튼튼해진다.

라이온금(ライオン錦)
Oreocereus neocelsianus

부드러운 낚싯줄 같은 길고 하얀 털로 둘러싸인 선인장으로 노란색의 날카로운 가시가 있다. 꽃은 여름에 피고 어두운 핑크색이다. 한여름에는 바람이 잘 통하는 그늘에서 재배한다.

오르테고칵투스 막도우갈리
Ortegocactus macdougallii

1속 1종인 독특한 선인장이다. 청자색의 울퉁불퉁한 몸체에 작은 가시가 있고, 노란 꽃이 핀다. 사진 속 식물은 폭 10cm 정도이다.

펠레키포라
Pelecyphora

립살리스
Rhypsalis

스테노칵투스
Stenocactus

▌정교환(精巧丸)
Pelecyphora aselliformis

투르비니카르푸스 속의 '정교전(p.80)'과 닮았지만, 꽃이 다르다. 이 종류는 핑크색 작은 꽃이 꼭대기에 핀다.

펠레키포라는 멕시코 원산의 작은 종이다. 립살리스는 플로리다~아르헨티나에 60종 정도가 알려진 산림성 선인장으로 나뭇가지 등에 착생한다. 강한 햇빛은 피하고, 물은 넉넉히 준다. 스테노칵투스(구에키노풀로칵투스)는 멕시코에 30종 정도가 있고 구형으로 여러 개의 능이 있는 것이 특징이다.

▌립살리스 세레우스쿨라
Rhypsaris cereuscula

산림성 선인장이라고 불리는 립살리스 속의 소형종이다. 꽃은 작고 눈에 띄지 않지만, 열매는 귀엽고 예쁘다.

▌천파만파(千波万波)
Stenocactus multicostatus

물결이 치는 듯한 능이 매력적인 '축옥'의 우형종이다. 능 수는 선인장 중에서 가장 많다고 한다. 사진 속 식물은 폭 10cm 정도이다.

스트롬보칵투스
Strombocactus

술코레부티아
Sulcorebutia

텔로칵투스
Thelocactus

스트롬보칵투스는 1속 1종으로 멕시코에 '국수'만
이 알려져 있다. 술코레부티아는 볼리비아에 30종
정도가 알려진 소형 구형 선인장이다. 텔로칵투스는
텍사스～멕시코에 20종 정도가 분포해 있고 커다란
혹과 강한 가시가 특징이다.

▎국수(菊水)
Strombocactus disciformis

1속 1종의 독특한 소형 선인장이다. 생장이 매우 느려서 씨앗이
발아한 후 1년에 1～2mm 정도밖에 안 자란다. 사진 속 식물(지
름 5cm 정도)이 되려면 10년 이상 걸린다.

▎퍼플 라우시
Sulcorebutia rauschii

라우시는 그린 타입도 있지만 퍼플 타입이 인기가 많다. 술코
레부티아 속이지만 레부티아(*Rebutia*)속과는 상당히 다르다.

▎배관룡(緋冠竜)
Thelocactus hexaedrophorus var. *fossulatus*

'강한 가시 선인장'이라고도 불린다. 붉은빛을 띤 긴 가시가 매
력적인 선인장으로 가시의 아름다움을 기준으로 선발을 계속
해서 최근에는 더욱더 멋진 개체를 볼 수 있게 되었다.

PART 3

메셈류

남아프리카를 중심으로 천수백종이 알려진 다육식물로 현재는 석류풀
과로 분류하지만 다육식물 애호가들 사이에서는 메셈으로 부르는 경우
가 많다. 코노피툼 등 잎이 매우 다육화되어서 구형인 구슬 모양 메셈으
로 불리는 것들이 대표적인 종류이다. 아름다운 꽃이 피는 종류가 많고,
꽃을 주로 관상하는 것도 많이 있다.

안테깁바에움
Antegibbaeum

DATA

과 명	석류풀과
원 산 지	남아프리카
생 육 형	겨울형
관 수	가을~봄은 2주에 1회, 여름은 월 1회
뿌리 굵기	가는 뿌리 타입
난 이 도	★★☆☆☆

부드럽고 통통한 잎이 특징인 메셈류이다. 남아프리카에 자생하며 건조한 자갈 토양에서 생육한다. 생장기는 가을~봄으로 겨울형이다. 메셈류 중에서 튼튼하고 기르기 쉬운 종류이다. 겨울에는 영하로 내려가지 않도록 주의한다. 여름에는 관수를 줄여서 휴면시킨다.

▌ 벽옥(碧玉)
▌ *Antegibbaeum fissoides*

꽃을 관상하는 메셈류이다. 이른 봄에 자홍색 꽃이 많이 핀다. 재배장소는 햇빛이 잘 들고 바람이 잘 통하는 곳을 고른다. 여름에는 직사광선을 피하여 차광해준다.

아르기로데르마
Argyroderma

DATA

과 명	석류풀과
원 산 지	남아프리카
생 육 형	겨울형
관 수	가을~봄은 2주에 1회, 여름은 월 1회
뿌리 굵기	가는 뿌리 타입
난 이 도	★★☆☆☆

남아프리카 케이프주 남서부에 50종 정도가 자생하는 속으로 속명은 '은백색의 잎'이라는 의미이다. 부드러운 표면의 잎이 2장씩 교차하며 나와서 오랫동안 키우면 군생한다. 잎은 주로 청자색이지만 붉은빛을 띠는 것도 있다. 겨울형이지만 가을~겨울의 생장기에 습도가 높으면 잎이 터질 수도 있으니 주의한다.

▌ 보추옥(宝槌玉)
▌ *Argyroderma fissum*

남아프리카 원산의 아르기로데르마의 대표종이다. 이 속 중에서는 소형으로 높이 4cm 정도로 은백색 잎이 대생하며 5~10개 정도의 군생주를 이룬다.

브라운시아
Braunsia

DATA

과 명	석류풀과
원 산 지	남아프리카
생 육 형	겨울형
관 수	가을~봄은 주 1회, 여름은 월 1회
뿌리 굵기	가는 뿌리 타입
난 이 도	★★★☆☆

　남아프리카 남단에 총 5종이 자생하는 작은 속이다. 줄기는 위로 자라거나 포복하며, 다육질의 잎이 여러 개 나온다. 겨울~이른 봄에 핑크색 꽃이 핀다. 여름에는 바람이 잘 통하고 차광이 되는 장소에서 휴면시킨다. 겨울에는 영하로 내려가지 않도록 주의한다. 에키누스(*Echinus*)속이라고 하는 경우도 있다.

벽어련(碧魚連)
Braunsia maximiliani

이 속 중에서 가장 많이 보급되고 인기도 많은 종이다. 물고기 같은 작은 잎을 가지고 있는 것에서 이름이 붙었다. 줄기는 옆으로 자란다. 이른 봄에 2cm 정도의 분홍색 꽃이 핀다.

케팔로필룸
Cephalophyllum

DATA

과 명	석류풀과
원 산 지	남아프리카
생 육 형	겨울형
관 수	가을~봄은 2주에 1회, 여름은 월 1회
뿌리 굵기	가는 뿌리 타입
난 이 도	★★☆☆☆

　남아프리카 남서부 원산으로, 소니마크와랜드~카루에 걸쳐 50종 전후가 자생하고 있다. 노란색, 빨간색, 핑크색 등의 아름다운 꽃이 핀다.
　겨울형으로 여름에는 휴면하므로 관수를 줄이고 서늘한 곳에서 재배한다. 가을에 삽목으로 번식이 가능하다.

필란시
Cephalophyllum pillansii

남아프리카 나마와크랜드 원산으로 땅을 기어가며 군생한다. 지름 6cm 정도의 노란색 꽃이 핀다. 여름에 시원하게 관리해 주는 것이 재배 포인트이다.

케이리돕시스
Cheiridopsis

DATA

과 명	석류풀과
원 산 지	남아프리카 등
생 육 형	겨울형
관 수	가을~봄은 2주에 1회, 여름은 단수
뿌리 굵기	가는 뿌리 타입
난 이 도	★★★★★

수분이 많은 다육성질이 강한 메셈류이다. 100종 정도가 알려졌으며, 반원형 또는 가늘고 긴 원기둥 모양의 잎을 가지고 있다. 가을~봄에 생장하는 겨울형으로 기본적으로 장마기부터 8월에는 단수하고, 여름 직사광선을 피해서 재배한다. 습도가 높은 것을 싫어하므로 바람이 잘 통하는 곳에서 재배한다. 초가을에 탈피해서 새로운 잎이 나온다.

브로우니
Cheiridopsis brownii

기부에서부터 2개로 나눠진 두꺼운 잎이 나온다. 겨울~이른 봄에 걸쳐서 선명한 노란색 꽃이 핀다. 탈피 중에는 관수를 줄이고 시원한 장소에서 관리한다.

신풍옥(神風玉)
Cheiridopsis pillansii

옅은 녹색의 도톰한 잎이 귀엽다. 겨울에 지름 5cm 정도의 꽃이 핀다. 꽃은 보통 노란색이지만 분홍, 빨강, 흰색 등의 원예 품종도 있다. 재배는 약간 어렵고 여름에도 소량의 관수가 필요하다.

투르비나타
Cheiridopsis turbinata

잎이 가늘고 끝이 뾰족한 타입이다. 긴 잎의 케이리돕시스는 반원형 품종보다 비교적 재배하기 쉽고 생장도 빠른 경향이 있다.

코노피툼
Conophytum

DATA

과 명	석류풀과
원 산 지	남아프리카, 나미비아
생 육 형	겨울형
관 수	가을~봄은 1~2주에 1회, 여름은 단수
뿌리 굵기	가는 뿌리 타입
난 이 도	★★★★★

남아프리카에서 나미비아 지역에 많은 종류가 자생하는 소형 다육식물이다. 분류가 어렵고 정확한 종수는 알 수 없다. 메셈류를 대표하는 다육식물로 잎 2장이 합쳐져서 구슬같이 보이는 모습이 사랑스럽고, 화려한 꽃도 매력적이다. 품종도 풍부하고 잎의 형태는 매우 다양해서 둥근 모양, 하트 모양, 팽이 모양, 안장 모양 등으로 분류된다. 잎색이나 투명도, 모양 등도 품종에 따라 다양해서 수집 의욕을 부추긴다.

생장기는 가을~봄이다. 여름에는 휴면하고 초가을에 탈피해서 분구한다. 대개 5월부터 잎이 쭈글쭈글해지고 탈피 준비를 시작한다. 생장기에는 햇빛이 잘 드는 장소에서 관리하고 1~2주에 1번 충분히 물을 준다. 휴면기에는 바람이 잘 통하는 밝은 그늘로 이동시킨다. 초여름부터 조금씩 관수를 줄이고 여름에는 단수한다. 분갈이는 초가을, 2~3년에 한 번 한다. 삽목할 때는 기부를 조금 남게 자르고, 잘린 부분을 2~3일간 건조 시킨 후 삽목한다.

담설(淡雪)
Conophytum altum

남아프리카 나마와크랜드 주변에 자생하는 소형의 하트 모양 코노피툼이다. 군생하며 노란 꽃이 핀다. 잎은 광택이 있는 초록색으로 무늬는 없다.

부르게리
Conophytum burgeri

동그란 모양의 인기가 많은 코노피툼이다. 잎은 투명감 있는 아름다운 녹색으로 휴면기에 들어가기 전에 빨갛게 물든다. 여름에는 무르기 쉬우므로 주의가 필요하다.

크리스티안세니아눔
Conophytum christiansenianum

커다란 잎을 가진 하트 모양 코노피툼이다. 수분이 많고 부드러운 질감이 매력적이다. 가을에 노란색 꽃이 핀다. 특히 여름 재배 환경에 주의가 필요하다.

마벨스 파이어
Conophytum ectipum 'Mabel's Fire'

엑티품은 남아프리카 원산의 소형 코노피툼으로 다양한 타입이 있다. 이 품종은 케이프주 소나마워크랜드산으로 그물 무늬가 있고 주로 노란색 꽃이 핀다.

적광(寂光)
Conophytum frutescens

둥그런 하트 모양의 회녹색 코노피툼이다. 초여름에 오렌지색 꽃이 핀다. 생장기에는 다른 품종 보다 약간 건조하게 키우는 것이 좋다.

그라브룸
Conophytum grabrum

남아프리카 서부에 자생하는 폭 1.5cm 정도의 안장 모양의 코노피툼이다. 잎에는 무늬가 없고, 꽃은 홑겹으로 핑크색이고 낮에 개화한다.

익(翼) rex
Conophytum herreanthus ssp.*rex*

남아프리카의 바위 틈에서 자생하는 하트형 코노피툼이다. 꽃은 낮에 피고 좋은 향기가 난다. 코노피툼 중에서는 매우 특이한 종류이다.

카미에스베르겐시스
Conophytum khamiesbergensis

울퉁불퉁한 느낌의 하트형 코노피툼이다. 잘 분두해서 돔 모양으로 군생한다. 겨울에 핑크색 꽃이 핀다. '경치아'라고 불리기도 한다.

리톱소이데스 아르투로파고
Conophytum lithopsoides ssp.*arturofago*

리톱소이데스는 남아프리카 원산의 소형 코노피툼으로 투명한 창 부분이 아름다워서 인기가 많다. 이 종은 창의 반점이 명료한 타입이다.

옥언(玉彦)
Conophytum obcordellum 'N.Vredendal'

케이프주 원산의 동그란 코노피툼이다. 하얀색~녹색 꽃이 핀다. 잎 무늬는 다양한 타입이 있다. '백미옥'이라고도 불린다.

우르스프룬기아남
Conophytum obcordellum 'Ursprungianam'

'옥연(p.95)'의 무늬가 더욱 크고 선명한 타입이다. 흰 바탕에 커다랗고 투명한 무늬가 들어가서 아름답고 인기가 있다.

청춘옥 (靑春玉)
Conophytum odoratum

풍선같이 둥그런 모습이 귀여운 코노피툼이다. 전체는 회녹색으로 표면에는 반점 무늬가 들어가 있다. 꽃은 선명한 핑크색으로 밤에 핀다. 별명은 '청아'이다.

오비프레숨
Conophytum ovipressum

작고 둥근 모양이 특징인 품종으로 생장하면 옆에서 잎이 많이 나와서 군생하게 된다. 잎 표면에는 진한 녹색 반점이 있다.

대납언 (大納言)
Conophytum pauxillum

안장 모양으로 군생하는 종류이다. 잎은 진한 녹색으로 기부 쪽은 붉은빛을 띤다. 꽃은 흰색으로 밤에 핀다. '세옥'으로 불리기도 한다.

펠루시움 테리콜로르
Conophytum pellucidum var. *terricolor*

잎 꼭대기에는 약간 팬 곳이 있고, 전체적으로 자주색을 띠고 있는 종류이다. 진한 자주색의 반점 무늬는 점이 이어져서 선으로 보이는 경우도 있다. 밤에 흰 꽃이 핀다.

훈장옥(勳章玉)
Conophytum pellucidum

남아프리카 원산의 높이 2cm 정도의 중형 안장모양 코노피툼이다. 창 무늬는 다양한 타입이 있고, 테리콜로르도 그런 한가지 타입이다.

필란시
Conophytum pillansii

남아프리카 남서부에 분포하는 약간 큰 구슬 모양 코노피툼이다. 폭은 2.5cm 정도이다. 꽃 색은 기본적으로 핑크색으로 옅은 색부터 진한 색까지 다양하다.

루고숨
Conophytum rugosum

보랏빛이 나는 갈색을 가진 소형 안장 모양 코노피툼이다. 2개로 갈라진 꼭대기는 평평하고 진한 색 창을 가지고 있는 보기 드문 타입이다. 가을에 흰색 꽃이 핀다.

소퇴(小槌)
Conophytum wettsteinii

남아프리카의 바위가 많은 경사면에서 자라는 회녹색 하트 모양 코노피툼이다. 꽃이 일찍 피는 종류로 6~7월에 주황색 꽃이 핀다.

윌헬미
Conophytum wilhelmii

동그랗고 상부가 평평한 팽이형이다. 지름은 2~4cm 정도이다. 낮에 꽃이 피는 종으로 옅은 보라색의 커다란 꽃이 핀다. 노란색 꽃이 피는 타입도 있다.

윗테베르겐세
Conophytum wittebergense

남아프리카 원산의 작은 술통 모양 코노피툼이다. 다양한 타입이 있지만, 창 무늬가 당초 무늬처럼 이어져 있는 녹색 타입이다.

윗테베르겐세
Conophytum wittebergense

창 무늬가 이어져 있지 않은 타입의 윗테베르겐세이다. 색은 약간 푸른빛이 난다. 꽃은 늦게 피는 편으로 가을~겨울에 가는 꽃잎의 흰색 꽃이 핀다.

애천(愛泉)
Conophytum 'Aisen'

일본에서 육종된 소형 하트 모양 코노피툼이다. 잎 가장자리
가 예쁜 빨간색으로 물든다.

추천(秋茜)
Conophytum 'Akiakane'

하트 모양의 소형 코노피툼이다. 낮에 꽃이 피는 종류로, 겨울
에 노란 꽃이 핀다.

오로라
Conophytum 'Aurora'

통통한 하트 모양의 코노피툼이다. 잎 상부에는 빨간색 선이
들어가 있다. 꽃은 노란색이다. 일본에서 육종된 교배종이다.

능고(綾鼓)
Conophytum 'Ayatuzumi'

예로부터 재배되는 아름다운 품종이다. 잎 꼭대기가 약간 들어
가 있고, 반점의 일부가 약간 이어져 있는 것이 특징이다. 꽃은
핑크빛이 도는 살구색이다.

홍조(紅の潮)
Conophytum 'Beni no Sio'

녹색의 하트 모양 코노피툼이다. 겨울에 붉은 주황색의 아름다운 꽃이 핀다. 꽃은 낮에 핀다. 가을~겨울에는 햇빛이 잘 드는 곳에서 재배한다.

원공(빨간 꽃, 円空)
Conophytum ×*marnierianumu*

둥그런 하트 모양의 소형 교배종(엑티품 *ectypum* × 빌로붐 *bilobum*)이다. 꽃은 보통 주황빛이 도는 빨간색이지만, 사진 속 개체는 진한 빨간색 타입이다.

원공(노란 꽃, 円空)
Conophytum ×*marnierianumu*

'원공'의 노란 꽃 타입이다. 위의 빨간색 타입도 마찬가지이지만 비교적 잘 번식해서 군생주를 만든다.

은세계(銀世界)
Conophytum 'Ginsekai'

흰 꽃 품종으로서는 대형의 하트 모양 코노피툼이다. 낮에 광택이 있는 흰 꽃이 핀다. 꽃이 크고 멋지다.

어소차(御所車)
Conophytum 'Goshoguruma'

몽툭한 하트 모양 잎으로 꽃잎이 살짝 휘어있는 것이 특징이다. 6~8월은 완전 단수해서 휴면시킨다. 9월에 탈피해서 2~3배로 커진다. 사진 속 식물은 전체 폭 5cm, 높이 2cm 정도이다.

화차(花車)
Conophytum 'Hanaguruma'

하트 모양 중형 코노피툼으로 꽃이 소용돌이처럼 감겨서 피는 '권화' 계통의 대표종이다. 꽃은 붉은 주황색으로 중심부는 노란색이다.

앵희(桜姫)
Conophytum 'Sakurahime'

통통한 하트 모양의 소형 코노피툼이다. 꽃은 옅은 보라색으로 중심부는 흰색과 노란색이다. 그다지 군생하지 않는다. 일본에서 만들어진 교배종이다.

신락(神楽)
Conophytum 'Kagura'

옅은 녹색의 전형적인 하트 모양 코노피툼이다. 일본에서 만들어진 중형종이다.

동호(桐壺)
Conophytum ectypum var. *tischleri* 'Kiritubo'

엑티품 티스클레리의 대형 우량 타입이다. 잎은 노란색을 띠고 꼭대기의 선무늬도 커다랗고 선명해서 아름답다.

황금파(黃金の波)
Conophytum 'Koganenonami'

하트 모양의 코노피툼으로 잎 가장자리가 빨간색인 아름다운 품종이다. 오렌지색 꽃이 낮에 핀다.

소평차(小平次)
Conophytum 'Koheiji'

높이 6cm 정도까지 자라는 대형 하트 모양 코노피툼이다. 끝이 세 개로 나뉘는 경우도 있다. 잎 가장자리가 빨갛게 물들어서 아름답다. 여름〜가을에 오렌지색 꽃이 핀다.

명진(明珍)
Conophytum 'Myouchin'

소형 코노피툼이다. 표면에 작은 점이 많다. 겨울밤에 가느다란 꽃잎을 가진 작은 꽃이 핀다. 꽃에는 향기가 약간 있다.

오페라로즈
Conophytum 'Opera Rose'

하트 모양 소형 코노피툼이다. 선명한 진분홍색의 큰 꽃이 피는 인기 품종이다.

왕장(王将)
Conophytum 'Oushou'

코노피툼 중에서는 대형인 종으로 하트 모양 교배종이다. 오렌지색의 아름다운 꽃이 핀다.

좌보희(佐保姬)
Conophytum 'Sahohime'

달걀형 계통에서는 귀한 보랏빛이 도는 붉은색 꽃이 핀다. 잎은 녹색으로 무늬는 없다. 군생하기 쉬운 소형종으로 일본에서 만들어진 교배종이다.

성상(聖像)
Conophytum 'Seizou'

달걀형 코노피툼이다. 잎은 녹색으로 무늬는 없다. 꽃은 오렌지색이다. 약간 군생시키기 어렵다. 일본에서 만들어진 교배종이다.

신농심산앵(信濃深山桜)
Conophytum 'Shinanomiyamazakura'

하트 모양 대형 코노피툼으로 핑크색의 크고 아름다운 꽃이
핀다. 꽃은 지름 3cm 정도이고, 낮에 피고 밤에는 오므려진다.
사진 속 포기는 전체 폭 8cm, 높이 5cm 정도이다.

백설희(白雪姬)
Conophytum 'Shirayukihime'

하트 모양으로 특징이 별로 없는 코노피툼이다. 일본에서 만
들어진 교배종으로 하얀색의 청초한 꽃이 핀다.

정어전(静御前)
Conophytum 'Shizukagozen'

안장 모양의 코노피툼으로 중앙부가 하얗고 보랏빛이 도는 핑
크색의 가는 꽃잎을 가진 커다란 꽃이 핀다. 꽃이 아름다워 인
기가 있다.

천상(天祥)
Conophytum 'Tenshou'

둥근 안장 모양의 코노피툼이다. 흰색∼핑크색의 아름다운 커
다란 꽃이 낮에 핀다. 가는 꽃잎 대륜화의 대표 품종이다.

화수차(花水車)
Conophytum 'Hanasuisha'

하트 모양의 코노피툼으로 꽃이 소용돌이 모양으로 감기면서 피는 '권화' 계통이다. 권화계로서는 희귀한 보라색 꽃으로 오렌지색 수술과의 대조가 아름답다. 군생하기 어려운 성질을 가지고 있다.

화원(花園)
Conophytum 'Hanazono'

씨앗으로 번식시킨 품종이다. 여러 가지 타입이 있는 '화원' 중한 가지로 선명한 꽃 색이 매력적이다. '화원'은 본래 개화 초기~중기에는 노란색이 거의 없지만, 이 종은 노란색을 띠고 있다.

드라코필루스
Dracophilus

DATA

과 명	석류풀과
원 산 지	남아프리카
생 육 형	겨울형
관 수	가을~봄은 2주에 1회, 여름은 월 1회
뿌리 굵기	가는 뿌리 타입
난 이 도	★★☆☆☆

남아프리기 남서단 해안에 자생하고 4종이 알려져 있다. 잎은 백청자색의 다육질로 2장씩 쌍으로 나온다. 작은 군생주를 만들고, 옅은 보라색 꽃이 핀다. 생장기는 겨울이지만, 겨울에 실내 최저온도를 0도 이상으로 유지해야 한다.

몬티스 드라코니스
Dracophilus montis-draconis

나미비아~남아프리카 일부에 자생하는 드라코필루스의 대표종이다. 잎은 청록색으로 작은 거치가 있고 길이 3~4cm이다. 겨울에는 빨갛게 된다. 꽃은 옅은 보라색이다.

델로스페르마
Delosperma

DATA

과　　명	석류풀과
원 산 지	남아프리카
생 육 형	여름형
관　　수	봄～가을은 주 2~3회, 겨울은 월 1~2회
뿌리 굵기	가는 뿌리 타입
난 이 도	★★☆☆☆

송엽국과 근연(近緣)인 다육식물이다. 노지에 심어 놓고 그냥 두어도 잘 자랄 정도로 매우 튼튼해서 그라운드 커버로 이용하기도 한다. 꽃도 잘 피고 조건만 잘 맞으면 일 년 내내 꽃이 피기도 한다. 추위에 강해서 '내한성 송엽국' 이라고도 불린다.

▌ 석파 · 여인옥 (夕波 · 麗人玉)
Delosperma corpuscularia lehmannii

동그런 2장의 잎이 차례차례 자라서 탑 모양처럼 자란다. 최근에는 예쁜 반엽 품종을 자주 볼 수 있게 되었다.

▌ 스팔만토이데스
Delosperma sphalmantoides

짧은 막대 모양의 잎이 여러 개 군생하고, 겨울에는 아름다운 핑크색 꽃이 핀다. 여름에는 바람이 잘 통하는 장소에서 약간 건조하게 관리한다.

▌ 세설 (細雪)
Delosperma pottsii

줄기가 잘 분지해서 작은 다육질 잎이 군생한다. 흰색의 작은 꽃이 핀다.

파우카리아
Faucaria

DATA

과 명	석류풀과
원 산 지	남아프리카
생 육 형	겨울형
관 수	가을~봄은 주에 1회, 여름은 단수
뿌리 굵기	가는 뿌리 타입
난 이 도	★☆☆☆☆

잎 가장자리에 톱니 같은 가시가 많이 있는 것이
특징이다. 재배는 비교적 용이하지만, 고온 다습에
약하므로 여름에는 단수하거나 아주 조금 주는 것이
재배 포인트이다. 비에 맞지 않도록 주의한다. 생육
지는 비교적 온난한 장소이므로 겨울에는 실내에서
관리한다.

엄파(巖波)
Faucaria sp.

가시가 있는 삼각형 잎이 여러 개 겹쳐져서 재미있는 모양이
된다. 가을~겨울에 걸쳐서 비교적 커다란 노란색 꽃이 핀다.

페네스트라리아
Fenestraria

DATA

과 명	석류풀과
원 산 지	남아프리카
생 육 형	겨울형
관 수	가을~봄은 2주에 1회, 여름은 단수
뿌리 굵기	가는 뿌리 타입
난 이 도	★★★★☆

원기둥형의 잎을 가진 메셈 종류로 자생지에서는 끝
에 있는 창만 지상에 얼굴을 내밀고 땅속에 숨어있다
고 한다. 하지만 재배할 때는 깊게 심으면 과습으로 썩
기 쉽다. 고온 다습에 매우 약하고, 여름에는 완전히
단수하고, 비에 맞지 않도록 주의한다. 생육기인 가을
~봄에도 바람이 잘 통하는 장소에서 물은 적게 준다.

오십령옥(五十鈴玉)
Fenestraria aurantiaca

햇빛이 잘 들지 않거나 물을 너무 많이 주거나 하면 도장해서
썩기 쉽다. 햇빛이 잘 드는 곳에 두어 튼튼하게 키우는 것이 좋
다. 노란색 꽃이 가을~겨울에 걸쳐서 핀다.

깁바에움
Gibbaeum

DATA

과 명	석류풀과
원 산 지	남아프리카
생 육 형	겨울형
관 수	가을~봄은 2주에 1회, 여름은 단수
뿌리 굵기	가는 뿌리 타입
난 이 도	★★☆☆☆

　잎 중앙이 갈라져서 새로운 잎이 대칭으로 나오는 메셈 종류이다. 잎이 둥글거나, 약간 가늘고 긴 종류 등 20종 정도가 알려져 있다. 겨울형 메셈 중에서는 기르기 쉬운 편이지만 여름에는 완전히 단수하여 휴면시키는 것이 좋다. 잘 분구하므로 번식이 용이하다.

무비옥(無比玉)
Gibbaeum dispar

하얀 가루를 뿌린 듯한 녹색이 아름다운 다육식물이다. 표면에 미세한 털이 많이 나 있어서 가루를 뿌린 것처럼 보인다. 가을~겨울에 핑크색 꽃이 핀다.

글롯티필룸
Glottiphyllum

DATA

과 명	석류풀과
원 산 지	남아프리카
생 육 형	겨울형
관 수	가을~봄은 주 1회, 여름은 월 1회
뿌리 굵기	가는 뿌리 타입
난 이 도	★☆☆☆☆

　남아프리카에 60종 정도가 알려져 있다. 대부분의 종은 3능~넓적한 모양의 다육질 잎이 나고 아름다운 노란색 꽃이 핀다. 겨울형 메셈류 중에서는 키우기 쉽고 여름 더위에도 비교적 잘 견딘다. 난지에서는 겨울에도 실외에서 키울 수 있다. 튼튼하고 번식이 쉽다.

롱굼
Glottiphyllum longum

다육질 잎 사이에서 노란색 꽃이 핀다. 추위에는 비교적 강하고 영하로 기온이 내려가지 않는 지역에서는 겨울에도 실외에서 재배 가능하다.

일렌펠드티아
Ihlenfeldtia

DATA

과 명	석류풀과
원 산 지	남아프리카
생 육 형	겨울형
관 수	가을~봄은 2주에 1회. 여름은 단수
뿌리 굵기	가는 뿌리 타입
난 이 도	★★☆☆☆

최근에 케이리돕시스(*Cheiridopsis*) 속에서 분리된 새로운 속으로 남아프리카에 3종 정도가 알려져 있다. 케이리돕시스와 같이 다육질의 잎이 대칭으로 나고 그 사이에서 광택이 있는 노란색 꽃이 핀다. 일반적으로 볼 수 있는 것은 반질리 뿐이다.

▮ 반질리
Ihlenfeldtia vanzylii

남아프리카 남서부 원산으로 현지에서는 돌무더기처럼 군생한다. 높이 5cm 정도로 노란색 꽃이 핀다. '여옥'이라고도 불린다.

라피다리아
Lapidaria

DATA

과 명	석류풀과
원 산 지	남아프리카, 나미비아
생 육 형	겨울형
관 수	가을~봄은 주 1회. 여름은 월 1회
뿌리 굵기	가는 뿌리 타입
난 이 도	★★☆☆☆

남아프리카~나미비아에 걸쳐 해발 660~1,000m 정도의 건조지대에 '마옥' 1종만이 알려진 1속 1종의 다육식물이다. 일반적으로 1년에 2~3쌍의 하얀 다육질의 잎이 나온다. 겨울에는 노란색 꽃이 핀다. 생장하면 군생주가 된다.

▮ 마옥(魔玉)
Lapidaria margaretae

돌을 쪼개 놓은 것 같은 모습이 독특한 다육식물이다. 생장이 느려서 커다란 군생주가 되려면 시간이 걸린다.

리톱스
Lithops

DATA

과　　명	석류풀과
원 산 지	남아프리카, 나미비아 등
생 육 형	겨울형
관　　수	가을~봄은 2주에 1회. 여름은 단수
뿌리굵기	가는 뿌리 타입
난 이 도	★★★★☆

남아프리카와 나미비아 등을 중심으로 많은 종류가 자생한다. '살아있는 보석'이라고 불리는 구슬 모양 메셈이다. 개체 변이가 많아서 정확한 종수 파악이 어렵다. 대칭으로 나오는 잎과 줄기가 합체된 신기한 모습이 특징으로 이것은 동물에게 먹히는 것으로부터 자신의 몸을 보호하기 위해 진화를 해온 결과이다. 돌멩이 같은 모습으로 의태하고 있다고 생각된다. 꼭대기에 무늬가 들어간 창이 있어서 이곳에서 빛을 받아들인다. 빨강, 초록, 노랑 등 다양한 색과 무늬가 있고 많은 품종을 볼 수 있어서 수집가들이 좋아하는 속이다.

생장기는 가을~봄인 겨울형으로 여름에 휴면한다. 특히 햇빛을 좋아하므로 햇빛이 잘 들고, 바람이 잘 통하는 장소에서 관리한다. 여름에는 차광된 반그늘에서 시원하게 해주고 단수한다. 표면이 쭈글쭈글하게 되지만 가을까지 물을 주지 않고 지켜본다. 봄 또는 가을이 되면 새로운 잎이 나와서 탈피한다. 겨울의 생장기에도 물을 지나치게 많이 주면 썩기 쉽기 때문에 되도록 건조하게 키우는 것이 좋다.

▌일륜옥(日輪玉)
Lithops aucampiae

잎은 적갈색이고 꼭대기에는 흑갈색 무늬가 있다. 리톱스 중에서 재배하기 쉬운 품종으로 잘 탈피해서 번식도 쉬운 일반종이다. 가을에 노란색 꽃이 핀다.

▌브롬피엘디 그라우디나에
Lithops bromfieldii var. graudinae

붉은빛이 도는 꼭대기에 뚜렷한 골이 불규칙하게 파여있다. 중형으로 10개 이상의 군생주를 이룬다. '석류옥' 계통으로 가을에 노란색 꽃이 핀다.

황명현옥(黃鳴弦玉)
Lithops bromfieldii var. insularis 'Sulphurea'

선명한 황록색의 소형종으로 꼭대기에는 짙은 갈색 무늬가 있고 비교적 군생하기 쉬운 품종이다. 초가을에 황금색 꽃이 핀다.

신적옥(神笛玉)
Lithops dinteri

니미비아 원산의 리톱스로 가을에 선명한 노란색 꽃이 핀다. 창 부분에 있는 빨간 무늬가 특징으로 다양한 타입의 개체가 있다.

여홍옥(麗虹玉)
Lithops dorotheae

잿빛 녹색 또는 약간 붉은빛이 도는 색으로 꼭대기에 짙은 갈색 무늬가 있다. 둥그런 모양으로 군생하기 쉬운 타입이다. 가을에 노란색 꽃이 핀다.

성전옥(聖典玉)
Lithops framesii

둥그런 모양의 대형종으로 측면은 회녹색, 꼭대기는 흰색 그물 무늬가 들어가 있다. 군생하기 쉽고 리톱스 중에서도 대형주를 이루는 타입이다. 늦은 가을에 흰색 꽃이 핀다.

▎낙지옥(楽地玉)
▎*Lithops fulviceps var. lactinea*

풀비셉스의 변종이다. 꼭대기는 평평하고 모양은 거의 원형에
가깝다. 합쳐지기 쉬운 작은 반점 무늬도 특징이다. 짙은 노란
색 꽃이 핀다.

▎쌍모옥(双眸玉)
▎*Lithops geyeri*

녹색 계열의 리톱스로 꼭대기는 짙은 녹색의 반점 무늬가 있다.
가을에 흰색 꽃이 핀다. 습도가 높은 것을 싫어하므로, 특히 여
름에는 바람이 잘 통하는 곳에서 재배하는 것이 요령이다.

▎파리옥(巴里玉)
▎*Lithops hallii*

붉은색을 띤 갈색 그물 무늬가 아름다운 품종으로 흰색의 커
다란 꽃이 핀다. 햇빛이 부족하면 위로 웃자라서 모양이 망가
진다.

▎청자옥(青磁玉)
▎*Lithops helmutii*

투명한 것 같은 밝은 녹색의 리톱스이다. 군생하기 쉽고 큰 포
기로 만들 수도 있다. 늦은 가을에 노란색 꽃이 핀다.

레드 브라운
Lithops hookeri var. *marginata* 'Red-Brown'

이름에서 알 수 있듯이 전체가 붉은 갈색인 리톱스이다. 창 부분에 주름이 있는 것 같은 재미있는 품종이다. 가을에 아름다운 노란색 꽃이 핀다.

복래옥 (福来玉)
Lithops julii var. *fulleri*

창 부분에 금이 가있는 것 같은 무늬의 리톱스이다. 가을에 흰색 꽃이 핀다. 붉은색이 강한 '홍복래옥', 갈색인 '차복래옥' 등도 있다.

호박옥 (琥珀玉)
Lithops karasmontana ssp.*bella*

꼭대기가 노란빛으로 물드는 타입이다. 무늬의 갈색 라인이 선명하게 보이는 중형종으로 군생을 잘한다. 꽃은 흰색이다. '적호박'은 표면이 빨간색인 변종이다.

카라스몬타나 티스케리
Lithops karasmontana var. *tischeri*

'화문옥' 계통의 중형 리톱스이다. 꼭대기의 평평하고 갈라진 곳은 얕고, 잎이 서로 붙어있다. 15개 정도의 군생주를 이룬다.

113

카라스몬타나 톱 레드
Lithops karasmontana 'Top Red'

선명한 빨간 무늬의 카라스몬타나 개량품종이다. 꼭대기 부분은 평평하고 밸런스가 좋은 아름다운 모습이다. 꽃은 흰색이다.

자훈(紫勳)
Lithops lesliei

예로부터 친숙한 품종이다. 붉은 색조의 평평한 대형종으로 지름 5cm까지 생장한다. 꼭대기는 흑갈색의 작은 무늬로 덮여있다. 초가을에 노란색 꽃이 핀다.

소형자훈(小型紫勳)
Lithops lesliei

'자훈' 계통의 소형종으로 분두해서 30개 이상이 된다. 색은 '자훈'과 같다. 창은 반투명으로 작은 나뭇가지 무늬가 있고 주변은 무수한 점으로 둘러싸여 있다.

레슬리에이 알비니카
Lithops lesliei 'Albinica'

아름다운 녹색을 가진 레슬리에이의 품종 중 하나이다. '백화황자훈'이라고도 불린다.

보류옥(宝留玉)
Lithops lesliei var. *hornii*

'자훈' 계통의 중~대형종으로 분두해서 15개 정도가 된다. 갈라진 곳은 얕고 꼭대기는 편평하다.

레슬리에이 킴벌리 폼
Lithops lesliei 'Kimberly form'

레슬리에이에는 다양한 타입이 있고 6개의 그룹으로 나눌 수 있다. 이 종은 킴벌리에 자생하며 창의 섬세한 무늬가 특징이다.

레슬리에이 루브로브룬네아
Lithops lesliei 'Rubrobrunnea'

짙은 자주색의 아름다운 리톱스로 창은 반투명의 암회녹색이 된다. '자갈자훈'이라고도 불린다.

레슬리에이 워렌톤
Lithops lesliei 'Warrenton'

'자훈' 계열의 리톱스에는 다양한 타입이 있지만, 이 종도 그런 한 가지 예이다. 지름 5cm 정도로 자라고, 지름 3~4cm 정도의 아름다운 노란색 꽃이 핀다.

순란옥(絢爛玉)
Lithops marthae

황록색으로 꼭대기가 약간 부풀어 오른 독특한 리톱스이다. 꽃은 노란색이다. '춘뢰옥'라고 불리는 경우도 있다.

레드 올리브
Lithops olivacea var. **nebrownii** 'Red Olive'

아름다운 보랏빛이 도는 빨간색이 인기가 있는 리톱스이다. 창 부분은 무늬가 적고 투명감이 있다. '홍올리브옥'이라고도 불린다.

홍대내옥(紅大内玉)
Lithops optica 'Rubra'

나미비아에 자생하는 옵티카 품종으로 전체가 투명감이 있는 빨간색으로 물든다. 창에는 무늬가 없다. 꽃은 흰색으로 꽃잎 끝은 핑크색이다.

대진회(大津絵)
Lithops otzeniana

잎은 초록~갈색이고 둥근 창부분에는 커다란 반점 무늬가 있다. 가을에 2cm 정도의 작은 노란색 꽃이 핀다.

여춘옥(麗春玉)
Lithops peersii

'벽유리' 계열의 중형종으로 6~8개 정도로 군생한다. 꼭대기에는 암청록색의 투명한 점이 산재해 있을 뿐, 확실한 '창'을 만들지는 않는다.

서광옥(瑞光玉)
Lithops dendritica

창 부분에 나뭇가지처럼 보이는 무늬가 있는 리톱스이다. 대부분의 리톱스는 가을에 꽃이 피지만, 이 종은 봄~여름에 꽃이 피는 경우가 많다.

이부인(李夫人)
Lithops salicola

회녹색 빛이 도는 키가 큰 타입으로 리톱스 중에서도 기르기 쉬운 품종이다. 꼭대기에는 갈색 무늬와 노란색 점무늬가 있다. 가을에 흰색 꽃이 핀다.

자이부인(紫李夫人)
Lithops salicola 'Bacchus'

'박카스'라고도 불리는 전체가 보라색인 아름다운 품종으로 특히 윗면의 투명한 창이 예쁘다. 가을에 청초한 흰색 꽃이 핀다.

살리콜라 마쿨라테
Lithops salicola 'Maculate'

'이부인' 계통의 중~소형종으로 '마쿨라테 이부인'이라고도 불린다. 잎은 길이가 긴 도원추형으로, 잘 번식하고 50개 이상의 군생주를 이룬다.

벽롱옥 (碧朧玉)
Lithops schwantesii var. *urikosensis*

갈회색을 띤 리톱스이다. 꼭대기는 평평한 원형으로 빨간색 무늬가 있다. 꽃은 노란색이다. '초복옥', '서옥'이라고도 불린다.

스쿠안테시 글리엘미
Lithops schwantesii ssp.*gulielmi*

꼭대기는 약간 평평하고, 투명감이 있는 옅은 갈색 바탕에 짙은 갈색 무늬가 있는 아름다운 품종이다. 스쿠안테시의 아종이다.

벽유리 (碧瑠璃)
Lithops terricolor 'Prince Albert form'

창 부분의 섬세한 무늬가 아름다운 리톱스로 '프린스 알버트'라고도 불린다. 가을에 선명한 노란색의 아름다운 꽃이 핀다.

옵탈모필룸
Ophthalmophyllum

DATA

과　　명	석류풀과
원 산 지	남아프리카
생 육 형	겨울형
관　　수	가을~봄은 2주에 1회. 여름은 단수
뿌리 굵기	가는 뿌리 타입
난 이 도	★★★★★

　남아프리카 케이프주 주변에 약 20종류가 자생하는 작은 구슬 모양 메셈이다. 전체 모양은 쌍을 이루는 잎으로 구성된 원기둥 형태로 코노피툼과 비슷하다. 최근에는 코노피툼 속으로 분류되는 경우도 있다. 잎은 녹색, 핑크색, 붉은색 등으로 예쁘고, 크고 투명한 잎끝의 창이 아름다워서 인기가 있다. 꽃도 아름답고 원예품종도 많이 유통되고 있다.

　특성과 키우는 법은 코노피툼과 거의 같다. 생육이 좋으면 쌍을 이루는 잎 사이에서 2포기가 나와서 번식하지만, 분구는 거의 하지 않고 군생하기 어려운 종류이다. 번식은 거의 씨앗으로 한다.

　생장기는 가을~봄인 겨울형으로 봄에는 단수해서 휴면시킨다. 휴면 중에는 직사광선을 피하고 서늘한 그늘에서 관리한다. 추위에 약해지는 않지만 겨울에는 실내에 들어놓는 것이 안전하다. 가능하면 직사광선이 들어오는 창가에 두면 튼튼한 포기가 된다. 꽃은 대개 가을에 피고, 낮에 피는 종류와 밤에 피는 종류가 있다.

▌풍령옥(風鈴玉)
Ophthalmophyllum friedrichiae

예로부터 알려져 있는 품종으로 선명한 동적색의 색채가 매력적이다. 꼭대기는 부풀어 있고 커다란 창이 있다. 한여름의 강한 햇빛은 피한다.

▌리틀우디
Ophthalmophyllum littlewoodi

남아프리카 북서부 원산이다. 붉은색을 띤 아름다운 녹색으로 인기가 있다. 흰색 꽃이 피고, 그디지 분두는 하지 않는다.

롱굼
Ophthalmophyllum longum

투명한 창이 아름다운 종류로 흰색~옅은 핑크색의 꽃이 가을
~겨울에 걸쳐 핀다. 물은 조금만 주는 것이 좋고, 생장기에 물
을 지나치게 많이 주면 터져버리는 경우가 있다.

리디에
Ophthalmophyllum lydiae

남아프리카 원산의 녹색 창이 아름다운 종이다. 원종은 거의
구할 수 없고 유통되고 있는 것은 대부분 교배종으로 사진 속
식물도 교배종으로 추측된다.

수령옥(秀鈴玉)
Ophthalmophyllum schlechiteri

옅은 핑크색 꽃이 가을에 핀다. '풍령옥'과 비슷하고 투명한 창
이 아름다운 종류이다. 재배방법도 '풍령옥'과 같아서 여름에는
단수하고 휴면시킨다.

베루코삼
Ophthalmophyllum verrucosam

베이지 바탕에 암갈색의 반점이 있는 옵탈모필룸으로 창 부분
에는 투명감이 있다. 흰색 꽃이 피고, 거의 군생하지 않는다.

오돈토포루스
Odontophorus

DATA

과　　명	석류풀과
원 산 지	남아프리카
생 육 형	겨울형
관　　수	봄·가을은 주 1회, 여름은 단수, 겨울은 주 1회
뿌리 굵기	가는 뿌리 타입
난 이 도	★★☆☆☆

　남아프리카 서북부의 나마크와랜드에 5~6종이 자생하는 작은 속으로 '요괴', '소괴', '환괴' 등 재미있는 이름이 붙어있다. 흰색~노란색 꽃이 핀다. 여름에는 그늘에서 단수한다. 겨울에는 햇빛이 잘 들어오는 실내에서 최저 5도 이상을 유지한다.

앙구스티폴리우스
Odontophorus angustifolius

오돈토포루스의 기본종으로 잎 가장자리에 거치가 있고 잎이 좌우 차례대로 나온다. 옆으로 퍼지기 쉽고, 비교적 쉽게 군생하는 편이다. 아름다운 노란색 꽃이 핀다.

오스쿨라리아
Oscularia

DATA

과　　명	석류풀과
원 산 지	남아프리카
생 육 형	겨울형
관　　수	가을~봄은 주 1회, 여름은 월 2회
뿌리 굵기	가는 뿌리 타입
난 이 도	★☆☆☆☆

　남아프리카 케이프반도에 몇몇 종이 자생하는 작은 속이지만, 튼튼하고 꽃도 아름다워서 '백봉국'과 '금조국(*O. caulescens*)' 등이 예로부터 재배되고 있다. 줄기는 위로 자라서 저목상이 된다. 겨울형이지만 더위에도 잘 견뎌서 여름형으로 분류하는 경우도 있다.

백봉국(白鳳菊)
Oscularia pedunculata

흰 가루를 뿌린 듯한 도톰한 잎이 아름답고, 주로 꽃을 관상하는 메셈의 한 종류이다. 봄에 아름다운 핑크색 꽃이 핀다. 줄기가 잘 자라므로 적심해 주면 옆으로 퍼져서 에쁘다.

플레이오스필로스
Pleiospilos

DATA

과 명	석류풀과
원 산 지	남아프리카
생 육 형	겨울형
관 수	가을~봄은 2주에 1회, 여름은 단수
뿌리 굵기	가는 뿌리 타입
난 이 도	★★★★★

통통한 둥근 잎과 반점 무늬가 있는 구슬형 메셈의 한 종류이다. 잎 모양을 보기 좋게 만들기 위해서는 봄과 가을의 생장기에 충분한 햇빛이 필요하다. 이 시기에 일조 부족이 되면 생육도 멈추고 꽃도 잘 피지 않게 된다. 한여름에는 바람이 잘 통하는 서늘한 장소로 이동시키고 단수한다.

명옥(明玉)
Pleiospilos hilmari

옅은 홍색 바탕에 진한 녹색 반점이 있는 소형종으로 잎 길이는 3cm 정도이다. 크고 노란 꽃이 핀다. 4월 정도부터 조금씩 관수량을 줄여서 여름을 준비한다.

제옥(帝玉)
Pleiospilos nelii 'Teigyoku'

메셈 중에서는 비교적 대형으로 지름이 5cm 정도로 마치 돌멩이처럼 보인다. 더위와 추위에 비교적 강하고, 겨울에도 실외에서 생육한다. 되도록 햇빛이 좋은 곳에서 재배하는 것이 포인트이다.

홍제옥(紅帝玉)
Pleiospilos nelii var. rubra

'제옥'의 붉은색 변종으로 '자제옥'이라고도 불린다. 꽃도 보라색으로 아름답다. 기본종인 '제옥'보다 재배가 조금 어렵다.

나난투스
Nananthus

DATA

과 명	석류풀과
원 산 지	남아프리카
생 육 형	겨울형
관 수	가을~봄은 2주에 1회, 여름은 월 1회
뿌리 굵기	가는 뿌리 타입
난 이 도	★★☆☆☆

　남아프리카 중앙부에 10종 정도가 자생하는 작은 속이다. 단면이 삼각형인 다육질 잎을 가지고 흰색과 노란색, 노란색 라인이 들어간 꽃이 핀다. 땅속에는 굵은 괴근성인 줄기가 있어서 오랫동안 재배하면 괴근 식물 같은 관록 있는 모습이 된다.

알로이데스
Nananthus aloides

남아프리카 중앙부 원산이다. 줄기 기부가 두꺼운 괴근이 되어서 폭 12cm 정도의 군생주가 된다. 생장이 느리며, 사진 속 포기는 15년 정도 된 것이다. 겨울에 노란색 꽃이 핀다.

트리코디아데마
Trichodiadema

DATA

과 명	석류풀과
원 산 지	남아프리카
생 육 형	겨울형
관 수	가을~봄은 2주에 1회, 여름은 월 1회
뿌리 굵기	가는 뿌리 타입
난 이 도	★★☆☆☆

　남아프리카의 넓은 범위에 약 50종이 분포하는 커다란 속으로, 잎은 작고 끝에 가는 가시가 있다. 꽃은 빨간색, 흰색, 노란색으로 다채롭다. 여러 해 동안 재배하면 괴경이 비대해져서 멋진 모습이 된다. 추위에 강하고, 겨울에도 실외에서 재배 가능하다.

자성황(紫星晃)
Trichodiadema densum

핑크색 꽃이 아름다운 종류로 오랫동안 재배하면 기부가 비대해져서 괴근 모양이 된다. 추위에는 비교적 강하고 겨울에 기온이 영하로 내려가지 않을 정도로만 유지하면 된다.

PART 4

돌나물과

다육식물을 대표하는 과이다. 세계 각지에 1,400종 정도가 있고 다양한 종류가 있지만, 줄기가 짧고 다육질 잎이 로제트형으로 나오는 에케베리아와 셈페르비붐이 인기가 많다. 구슬모양의 잎을 가진 세덤과 파키피툼도 인기가 있다. 튼튼하고 번식도 용이해서 모아심기에도 많이 이용한다.

아드로미스쿠스
Adromischus

DATA

과 명	돌나물과
원 산 지	남아프리카
생 육 형	봄 · 가을형
관 수	봄 · 가을은 주 1회, 여름 · 겨울에는 3주에 1회
뿌리 굵기	가는 뿌리 타입
난 이 도	★★☆☆☆

남아프리카에 30종 정도가 있는 기묘한 모양과 개성적인 무늬가 매력적인 다육식물이다. 변이가 많고 다양한 종류가 많아서 컬렉션 아이템으로서도 인기가 많다. 높이 10cm 정도의 소형종이 많고 생장은 느리다. 꽃은 소박하고 그다지 눈에 띄지 않는다. 잎 무늬와 색은 재배 환경에 따라서 변화한다. 튼튼한 종류가 많아서, 햇빛이 잘 들고 바람이 잘 통하는 곳에서 관리하면 재배는 비교적 용이하다.

생장기는 봄과 가을로 여름에 휴면한다.

여름 직사광선에 주의가 필요하고 한여름에는 20~30% 정도 차광된 반그늘에서 재배한다. 실내라면 레이스 커튼을 친 창가 정도가 좋다. 여름에는 물을 가끔 준다. 추위에 비교적 강해서 기온이 영하로 내려가지 않을 정도면 겨울도 잘 견딘다.

잎꽂이나 삽목으로 간단히 번식시킬 수 있다. 시기는 초가을이 좋다. 분갈이 적기도 초가을이다.

▌쿠페리
Adromischus cooperi

통통한 잎과 물결 모양 잎끝 그리고 붉은빛이 도는 반점 모양이 특징이다. 기본종 외에도 왜성이면서 잎이 둥근 달마형이나, 잎에 흰빛이 도는 흰색 타입 등이 있다.

▌달마(達磨) 쿠페리
Adromischus cooperi f.compactum

쿠페리의 매우 둥근 잎 타입이다.

달마신상곡(達磨神想曲)
Adromischus cristatus var. *schonlandii*

다육질의 잎이 달걀 또는 곤봉 모양처럼 생겼다. 봄과 가을이 생장기이고 더위에 약하므로 여름철 관리에 주의가 필요하다.

크리스타투스 제이헤리
Adromischus cristatus var. *zeyheri*

크리스타투스 중에서 잎이 얇고 프릴이 있는 타입이다. 튼튼하고 기르기 쉽다.

천장 · 영락(天章 · 永樂)
Adromischus cristatus

밝은 녹색의 도끼 모양 잎을 가진 아드로미스쿠스이다. 잎에는 무늬가 없고 잎끝에는 프릴이 있다. 생장하면 줄기에 작은 기근이 생긴다.

필리카울리스
Adromischus filicaulis

끝이 뾰족한 원기둥형 잎에 동색의 무늬가 있다. 잎이 은색, 녹색 등 다양한 타입이 있다. 깊은 색 무늬가 예쁘다.

▌필리카울리스
▌*Adromischus filicaulis*

필리카울리스의 한가지 타입으로 하얀색 잎에 주근깨 같은 검은 반점이 있는 것이 특징이다.

▌송충(松虫)
▌*Adromischus hemisphaericus*

줄기 아랫부분은 괴근 형태이고, 통통하고 동그란 잎이 많이 난다. 초록색 잎에는 아드로미스쿠스 특유의 반점 무늬가 있다.

▌설어소(雪御所)
▌*Adromischus leucophyllus*

하얀 가루가 있는 잎이 매력적으로, 만지거나 물에 닿으면 가루가 떨어지므로 주의한다. 눈은 빨간색이고, 흰 가루가 없다. 여름에는 휴면한다.

▌어소금(御所錦)
▌*Adromischus maculatus*

깊이가 있는 색채의 반점 무늬가 아름답다. 비교적 얇은 원형의 잎이 특징이다. 무늬가 섬세하고 색이 짙은 타입을 '흑엽어소금'이라고 한다.

마리아니아에
Adromischus marianiae

마리아니아에는 변이가 많지만, 사진은 대표적인 종이다. 잎 무늬가 매우 아름다운 인기종이다. 초여름에 꽃대가 나와서 흰색 꽃이 핀다.

마리아니아에 헤레이
Adromischus marianiae var. *herrei*

작은 돌기가 많은 기묘한 느낌의 다육질 잎을 가지고 있다. 잎은 길이 5cm 정도이다. 가을~봄이 생장기로 여름에는 단수한다. 잎색이 특징적인 몇 가지 품종이 있다.

마리아니아에 임마쿨라투스
Adromischus marianiae var. *immaculatus*

마리아니아에의 변종으로 작은 묘목이었을 때는 '은란'과 비슷하지만, 잎끝이 갈색이고 잎에 요철이 없는 것이 특징이다.

은란(銀の卵)
Adromischus marianiae 'Alveolatus'

솜털을 덮어쓴 듯한 달걀 모양의 잎은 딱딱하고 요철이 있으며 위쪽에 약간 골이 파여 있다. 생장기는 가을~봄이고, 생장이 느리고 키우기 어려운 종류이다.

마리아니아에 브리안마킨
Adromischus marianiae 'Bryan Makin'

영국의 Bryan Makin이 만든 원예종이다. 역삼각형의 두꺼운 잎이 특징이다.

스쿨드티아누스
Adromischus schuldtianus

마리아니아에 같이 많은 타입이 있는 종류이다. 줄기가 자라지 않고 잎은 그다지 두껍지 않다. 기부에서 어린 포기가 나와 군생한다.

트리기누스
Adromischus trigynus

흰색 잎에 있는 갈색 반점이 특징이다. 마리아니아에와 비슷한 것도 있지만 트리기누스의 잎은 약간 얇고 넓다.

에스컵
Adromischus 'Escup'

줄기가 서 있고 20cm 정도로 생장하면, 그 후에 넘어지며 그 상태로 가지가 뻗어서 군생한다. 아드로미스쿠스 중에서는 재배하기 쉬운 편으로 튼튼하다.

아에오니움
Aeonium

DATA

과 명	돌나물과
원 산 지	카나리아 제도, 북아프리카 등
생 육 형	겨울형
관 수	가을~봄은 주 1회, 여름은 월 1회
뿌리 굵기	가는 뿌리 타입
난 이 도	★★☆☆☆

　빽빽한 로제트형의 잎이 특징이다. 겨울에는 햇빛
이 잘 드는 창가에 둔다. 여름에는 실외의 바람이 잘
통하는 서늘한 장소에서 물을 적게 주면서 관리한
다. 줄기가 나무처럼 서 있는 것이 많고, 큰 식물로
키우는 것도 가능하다. 겨울에 일조가 부족하면 웃
자라기 쉬우므로 주의한다. 웃자란 포기는 삽목으로
갱신한다.

▌흑법사(黑法師)
▌*Aeonium arboreum* 'Atropurpureum'

반짝이는 검은 잎이 인기인 아에오니움이다. 1m 정도로 생장하
면 봄에 노란색 꽃이 핀다. 햇빛이 잘 드는 서늘한 장소에서
관리하면 좋다.

▌염일산(艶日傘)
▌*Aeonium arboreum* 'Luteovariegatum'

아르보레움의 무늬종으로 옅은 노란색 복륜이 있다. 중형으로
높이는 50cm 정도까지 자란다. 때때로 노란색이 없어지고 녹
색으로 돌아가는 경우가 있다.

▌아르보레움 레브롤리네아툼
▌*Aeonium arboreum* var. *rubrolineatum*

짙은 보라색 잎에 예쁜 무늬가 있지만, 이것은 자연무늬로 돌
연변이 무늬가 아니다. 생장하면 줄기가 서게 된다.

아우레움
Aeonium aureum

로제트형의 잎은 매우 치밀하고 옆으로 많이 퍼지지 않는 것
이 특징이다. 여름철 강한 햇빛과 더위를 싫어하므로 서늘하게
관리한다. 1995년에 그리노비아(*Greenovia*) 속에서 아에오니
움 속으로 바뀌었다.

세로(笹の露)
Aeonium dodrantale

여름에는 잎을 닫고 휴면하며, 가을이 되면 잎이 열린다. 곁눈
이 많이 나오므로 잘라서 번식시키는 것이 가능하다. 그리노비
아(*Greenovia*) 속에서 1995년에 아에오니움 속으로 바뀌었다.

광원씨(光源氏)
Aeonium percarneum

흰 가루가 덮인 핑크색 잎이 아름다운 아에오니움이다. 생장하
면 나무 모양으로 자라고 핑크색 작은 꽃이 많이 핀다.

사운데르시
Aeonium saundersii

마치 꽃이 핀 것처럼 가지 끝에 로제트형 잎이 달린다. 여름 휴
면기에는 로제트가 봉오리처럼 닫혀서 구슬 모양이 된다.

소인제(小人の祭)
Aeonium sedifolium

길이 1cm 정도인 다육질 잎이 많고, 나무줄기 모양으로 군생한
다. 잎은 오렌지색으로 단풍이 든다. 겨울에는 실내의 밝은 장
소에서 관리한다.

명경(明鏡)
Aeonium tabuliforme

미세한 털이 있는 잎이 모여서 테이블처럼 넓어진 진귀한 아에
오니움이다. 높이는 낮고, 지름 30cm 정도까지 자란다.

선버스트
Aeonium urbicum 'Variegatum'

잎 가장자리에 핑크색 또는 노란색의 선명한 무늬가 들어간
대형종이다. 봄과 가을의 생장기에 잎이 단풍들면 더욱 아름답
다. 다 자라면 여름에 옅은 크림색 꽃이 핀다.

벨로아
Aeonium 'Velour'

'흑법사'와 '향로반'을 교배한 것으로 더위에도 강해서 키우기
쉬운 품종이다. 기부에서 어린 포기가 많이 나오므로 겨울에
눈꽃이로 번식시킨다. 별명은 '캐시미어 바이올렛'이다.

코틸레돈
Cotyledon

DATA

과 명	돌나물과
원 산 지	남아프리카
생 육 형	여름형
관 수	봄~가을은 주 1회, 겨울은 월 1회
뿌리 굵기	가는 뿌리 타입
난 이 도	★★★☆☆

아프리카 남부를 중심으로 약 20종이 분포하는 다육식물이다. 두툼한 잎이 개성적이고 다양한데, 겨울에 색이 변하는 것이나 흰 가루를 가지고 있는 것, 미세한 털이 있는 것, 광택이 있는 것 등 다양한 원예품종도 만들어졌다. 대개, 줄기가 자라서 나무 모양으로 생장하고 줄기의 하부는 목질화된다.

여름형으로 생육 기간은 봄~가을이다. 기본적으로는 햇빛이 잘 들고 바람이 잘 통하는 장소를 좋아하지만, 한여름의 직사광선을 피해 반그늘에서 관리한다. 흰 가루가 있는 종류는 잎에 물이 닿지 않도록 주의한다.

건강한 식물을 키우고 싶다면 실외에서 재배하는 것을 추천하지만, 한겨울에는 햇빛이 잘 드는 실내로 이동시킨다. 휴면하는 겨울철에는 물을 조금만 주지만, 완전히 단수하는 것은 아니고, 잎에 탄력이 없어지면 물을 준다.

번식은 잎꽂이로는 잘 안되고, 이른 봄에 눈꽂이 한다. 포기 전체의 밸런스가 나빠지면 전정해서 자른 가지를 삽목에 이용한다.

▌웅동자 (熊童子)
Cotyledon ladismithiensis

곰 발 같은 두툼한 잎이 특징이다. 짧은 털로 덮인 통통한 연두색 잎과 잎 끝의 조그만 발톱 같은 모양이 인상적이다. 고온다습한 곳을 싫어하므로 여름철 관리에 주의한다.

▌웅동자금 (熊童子錦)
Cotyledon ladismithiensis f.variegata

곰발 같은 두툼한 잎이 특징인 '웅동자'의 무늬종이다. 여름형이라고 알려졌지만, 고온다습에 약하므로 여름철 관리에는 주의가 필요하다.

자묘조(子猫の爪)
Cotyledon ladismithiensis cv.

'웅동자'와 비슷한 종류로 모습도 비슷하지만, 잎끝의 돌기 수가 적고 잎 모양도 가늘고 길기 때문에 '아기 고양이 발톱'이라고 이름 붙여졌다. 한여름과 겨울에는 물을 조금만 준다.

복랑(福娘)
Cotyledon orbiculata var. *oophylla*

흰 가루를 덮어쓴 방추형 잎과 가장자리의 홍색이 선명한 품종이다. 이른 여름~가을에 걸쳐서 꽃대가 길게 나오고, 여러 송이의 꽃이 핀다. 꽃은 오렌지색 종 모양이다.

가입랑(嫁入娘)
Cotyledon orbiculata cv.

표면에 흰 가루를 덮어쓴 잎이 특징인 오르비쿨라타이다. 잎끝쪽의 가장자리를 따라 빨간색 선이 들어가 있고, 단풍이 들 때는 전체가 붉게 된다.

백미(白眉)
Cotyledon orbiculata cv.

다양한 오르비쿨라타 교배종 중 한 가지로 흰색의 커다란 잎에 엣지가 빨갛게 되는 아름다운 종류이다.

욱파금(旭波錦)
Cotyledon orbiculata 'Kyokuhanishiki' f.variegata

잎 가장자리에 강한 프릴이 있는 것이 '욱파'이다. 그다지 프릴
이 많이 들어가지 않고 무늬가 있는 것이 '욱파금' 이다. '욱파
광'으로 불리기도 한다.

파필라리스
Cotyledon papilaris

광택이 있는 타원형 잎 가장자리에 선명한 빨간색 선이 들어
가 있다. 그다지 높게 자라지 않고, 군생시키면 빨간 꽃이 많이
피어서 예쁘다. 꽃은 봄~초여름에 핀다.

펜덴스
Cotyledon pendens

둥근 잎이 귀여운 코틸레돈이다. 줄기가 기어가며 자라고, 커다
란 빨간 꽃이 핀다. 여름에는 강한 햇빛을 피해 반그늘에서 관
리한다.

은파금(銀波錦)
Cotyledon undulata

잎끝이 프릴처럼 물결치며, 예쁜 부채 모양의 잎을 가진 코틸
레돈이다. 잎 표면에는 하얀 가루를 뿌린 듯하다. 잎에 되도록
물이 닿지 않도록 주의한다.

크라슐라
Crassula

DATA

과 명	돌나물과
원 산 지	남부~ 동부 아프리카
생 육 형	여름형, 겨울형, 봄·가을형
관 수	생장기는 1~2주에 1회, 휴면기는 조금만
뿌리 굵기	가는 뿌리 타입
난 이 도	★★☆☆☆

아프리카 남부를 중심으로 500종 정도가 알려져 있다. 다육식물 중에서 매력적이고 커다란 그룹이다. 속명은 '두껍다'라는 의미로 거의 모든 종류가 다육질의 잎을 가지고 있다. 여러 종류가 있어서 다양한 형태를 즐길 수 있고, 여러 가지 품종이 출하되고 있다. 그중에는 일반적인 식물에서는 보기 어려운 모습을 한 품종도 있다.

크라슐라는 종류에 따라서 생장기가 다르므로 주의가 필요하다. 여름형과 겨울형 그리고 봄가을형도 있다. 대체로 대형종은 여름형이고 소형종은 겨울형이 많다.

기본적으로는 햇빛이 잘 들고 바람이 잘 통하는 장소에서 재배한다. 특히, 여름에 휴면하는 겨울형이나 봄가을형은 여름철의 고온다습을 싫어한다. 강한 직사광선을 피해서 밝은 그늘에서 바람이 잘 통하게 해주어서 여름을 보내는 것이 포인트이다. 여름형은 실외에서 비를 맞아도 괜찮지만 '신도', '여천회' 등 흰가루가 있는 타입은 비를 맞으면 지저분해지거나 썩기도 하므로, 물을 줄 때 되도록 잎에 물이 닿지 않도록 주의한다.

▎화제(火祭)
Crassula americana 'Flame'

끝이 뾰족한 붉은 잎이 불처럼 보인다. 기온이 낮아지면 붉은색이 더욱 진해진다. 빨간 잎을 관상하기 위해서는, 물과 비료를 조금만 주고 햇빛이 잘 드는 곳에 두는 것이 좋다.

▎클라바타
Crassula clavata

남아프리카 원산의 소형종으로 두껍고 빨간 잎이 특징이다. 햇빛이 부족하면 녹색으로 변하지만, 겨울에 춥고 건조하게 해주면 예쁜 색이 된다.

에르네스티
Crassula ernestii

작은 잎이 많은 크라술라이다. 봄~가을에 생장하고, 군생을 잘하며 햇빛이 잘 드는 곳에서 키우면 겨울의 건조기에 빨갛게 물들어서 예쁘다. 봄에 작고 하얀 꽃이 핀다.

신도(神刀)
Crassula falcata

칼 모양의 잎이 좌우로 교차하며 자라는 크라술라이다. 크게 자라면 어린 포기가 곁눈에서 나온다. 추위에 약하므로, 겨울에는 햇빛이 잘 드는 실내에서 관리한다.

파(巴)
Crassula hemisphaerica

그다지 높이 자라지 않는 로제트 타입의 크라술라이다. 뒤로 젖혀진 잎이 방사상으로 자란다. 전체 지름이 4~5cm인 소형종으로 생장기는 가을~봄인 겨울형이다.

은배(銀盃)
Crassula hirsuta

막대 모양의 부드러운 잎이 많이 나오고, 가을~겨울에는 빨간색 잎이 된다. 여름에는 바람이 잘 통하는 장소에서 약간 건조하게 관리하고, 겨울에는 실내에서 5도 이상을 유지한다.

약록(若綠)
Crassula lycopodioides var. *pseudolycopodioides*

아주 작은 잎이 겹쳐서 노끈같은 모습이 특징적인 여름형 종이다. 일조가 부족하면 도장해서 가지가 쓰러진다. 봄~여름에 적심하면 곁눈이 나와서 풍성하고 예쁘게 키울 수 있다.

은전(銀箭)
Crassula mesembrianthoides

크라술라로서는 보기 드문 모습이다. 선명한 녹색인 바나나 모양의 작은 잎에는 짧고 하얀 털이 촘촘히 나 있다. 튼튼하고 재배하기 쉬운 품종이다.

나디카울리스 헤레에이
Crassula nadicaulis var. *hereei*

다육질의 잎이 2장씩 대생하며, 추워지면 빨간색으로 물든다. 여름에는 직사광선을 피해서 건조하게 관리해 주고, 겨울에는 얼지 않도록 주의한다.

오르비쿨라타
Crassula orbiculata

로제트형이면서 선명한 잎색이 인상적인 크라술라이다. 기부에서 러너가 많이 나와서 어린 포기를 만드는 타입이다. 어린 포기로 간단하게 번식시킬 수 있다.

블루버드
Crassula ovata 'Blue Bird'

'염자'에는 많은 품종이 있는데, 사진 속 식물도 한 종류이다. 여름형 크라술라로 튼튼하고 잘 번식한다.

황금화월(黃金花月)
Crassula ovata 'Ougon Kagetu'

'염자 (*C. ovate*)'의 원예품종으로 겨울에 노랗게 단풍이 들어서 잎이 금화처럼 보인다.

골룸
Crassula ovata 'Gollum'

친숙한 '염자(*C.* 'Money Plant')'가 변이된 품종으로 '우주목'이라고도 부른다. 여름형으로 관리하고, 겨울에는 실내에서 보호한다.

펠루키다 마르기날리스
Crassula pellucida var. *marginalis*

5mm 정도의 작은 잎을 가진 10cm 정도의 줄기가 많이 나와서 관목처럼 된다. 여름 고온을 싫어한다.

성을녀(星乙女)
Crassula perforata

삼각형 잎이 대생하여 별처럼 보이는 크라슐라이다. 봄가을형
으로 겨울의 건조기에는 빨갛게 물든다. 여름의 높은 습도를
싫어하므로 비를 피해서 바람이 잘 통하게 한다. 눈꽃이로 번
식시킬 수 있다.

남십자성(南十字星)
Crassula perforate f.variegata

작은 삼각형의 잎이 이어져서 위로 자란다. 분지는 잘 안 하므
로 군생시키려면 눈꽃이로 번식시키는 것이 좋다. 봄가을형으
로 반그늘에서 관리한다.

푸베센스
Crassula pubescens

짧은 털이 촘촘히 나 있는 막대 모양의 잎을 가지고 있다. 봄
과 가을의 생장기에는 잎이 녹색이지만, 여름과 겨울의 휴면기
에는 자주색으로 물든다.

홍치아(紅稚児)
Crassula radicans

나무처럼 위로 자라는 소형종이다. 생육은 봄～가을인 여름형
이다. 작고 동그란 잎이 많이 나고, 가을에 선명한 빨간색으로
물들고 귀여운 흰 꽃이 핀다.

▌ 로게르시
Crassula rogersii f.variegata

아트로푸르푸레아(C. atropurpurea)와 자주 혼동되는 종으로 다육질의 둥근 잎이 특징이다. 사진 속 식물은 무늬종이다.

▌ 치아성금(稚児星錦)
Crassula rupestris 'Pastel'

작은 잎이 겹쳐져서 탑처럼 자라는 소형 크라술라이다. 일본에서 만들어진 품종으로 '치아성'의 무늬종이다. 이 타입은 비슷한 종류가 몇 가지 있다.

▌ 사르멘토사
Crassula sarmentosa

녹색 잎에 노란색 반엽이 들어간 크라술라이다. 잎 가장자리에 미세한 거치가 있고, 단풍이 들면 살짝 핑크색이 돈다. 추위에 약하므로 겨울에는 실내에서 관리한다.

▌ 소야의(小夜衣)
Crassula tecta

다육질 잎이 식물의 기부에서 나오는 겨울형 크라술라. 다육질 잎에는 여러 개의 작은 흰 점이 있어서 매우 아름답다. 여름철 고온에 특히 약하므로 주의한다.

옥춘(玉椿)
Crassula teres

지름 1cm 정도의 막대 모양으로 자라는 크라슐라로 겨울에 흰 꽃이 핀다. 잎은 비늘같이 줄기에 딱 붙어있다. 여름에는 직사 광선을 피해서 건조하게 관리한다.

도원향(桃源郷)
Crassula tetragonu

나무처럼 줄기가 서 있고 가늘고 긴 잎을 가진 여름형 종류이 다. 튼튼해서 기르기 쉬운 품종이다. 햇빛이 잘 들지 않으면 웃 자라기 쉽고 잎색도 나빠지므로 주의한다.

부다스 템플
Crassula 'Buddha's Temple'

'신도'와 '녹탑'의 교배종이다. 삼각형의 잎이 촘촘하게 위로 겹 쳐져서 독특한 모양을 만들어낸다. 생장기는 봄~가을이다. 봄 에 기부에서 여러 개의 어린 포기가 나온다.

아이보리 파고다
Crassula 'Ivory Pagoda'

짧은 흰색 털에 덮인 잎이 겹쳐서 생장하는 크라슐라의 원예 품종이다. 더위와 습기에 약하므로, 여름에는 특히 바람이 잘 통하는 곳에 두고 물은 조금만 준다.

두들레아
Dudleya

DATA

과 명	돌나물과
원 산 지	중미
생 육 형	겨울형
관 수	봄~가을은 2주에 1회, 겨울은 월 1회
뿌리 굵기	가는 뿌리 타입
난 이 도	★★☆☆☆

캘리포니아반도~멕시코에 걸쳐서 40종 정도가
자생하는 다육식물이다. 인기가 있는 종류는 로제트
형 잎을 가진 것으로, 흰 가루를 뿌린 듯 광택이 없
는 질감이 매력적이다. 자생지가 매우 건조한 지역으
로, 여름의 고온 다습함을 싫어한다. 바람이 잘 통하
는 곳에 두어야 한다.

앗테누아타 오르쿠티
Dudleya attenuata ssp.*orcutii*

줄기는 짧고 가지가 많이 나오며, 그 끝에 막대 모양의 잎이 나
는 소형종이다. 가루는 그다지 많지 않다. 옅은 노란색 꽃이 피
고, 사진 속 식물은 폭 5cm 정도이다.

선녀배(仙女盃)
Dudleya brittoni

두들레아 속의 대표종이다. 대형으로 오랫동안 키우면 짧은 줄
기가 생긴다. 사진 속 식물은 폭 30cm 정도이다. 꽃은 노란색
이다. 세계에서 가장 하얀 식물이라고 불린다.

그노마
Dudleya gnoma

캘리포니아반도 원산으로, 흰 가루를 뿌린 듯한 아름다운 다
육식물이다. 손으로 만지지 않도록 한다. '그리니'라는 틀린 이
름으로 유통되기도 한다.

파키피툼
Dudleya pachyphytum

하얀 가루를 뿌린 듯한 두꺼운 잎을 가진 중형종이다. 강한 햇빛을 좋아하므로 실외에서 재배하는 것이 좋다. 잎에 물이 닿지 않도록 하며, 일 년 내내 햇빛이 잘 드는 장소에서 키운다.

풀베룰렌타
Dudleya pulverulenta

줄기 없이 폭 50cm로 크게 자라는 대형종이다(사진 속 식물은 폭 30cm 정도). '선녀배 (p.144)'보다 잎 폭이 넓고 얇다. 흰 가루를 많이 가지고 있다. 꽃은 노란색이다.

비스키다
Dudleya viscida

캘리포니아 칼스바드(Carlsbad) 원산이다. 끈적끈적한 잎으로 작은 벌레를 포획해서 영양분으로 쓴다. 식충식물이라고도 할 수 있는 신기한 식물이다. 사진 속 식물은 폭 15cm 정도이다.

비리다스
Dudleya viridas

'그린 선녀배'라고도 불리지만 '선녀배'와는 다른 종이다. 같은 자생지에 흰색인 '선녀배'와 흰색이 아닌 '비리다스'가 있어서 혼동하기 쉽다. 사진 속 식물은 폭 20cm 정도이다.

에케베리아
Echeveria

DATA

과 명	돌나물과
원 산 지	중미
생 육 형	봄 · 가을형
관 수	봄 · 가을은 주 1회. 여름은 3주에 1회. 겨울은 월 1회
뿌리 굵기	가는 뿌리 타입
난 이 도	★★☆☆☆

장미꽃을 연상시키는 로제트형 잎이 아름다운 다육식물이다. 멕시코를 중심으로 100종 이상 원종이 있다. 크기도 다양해서 지름 3cm 정도의 소형종부터 지름 40cm 이상의 대형종까지 있다. 잎 색도 녹색, 빨간색, 검은색, 하얀색, 파란색 등 다채롭다. 시즌이 되면 피는 꽃이나 가을에 물드는 단풍도 아름다워서 관상용으로 적격이다. 잎 모양과 색의 변이도 많고 교배종이나 원예품종이 많이 만들어지고 출하되고 있다.

에케베리아의 생장기는 봄과 가을이다. 생장기에는 충분한 햇빛과 바람이 잘 통하는 장소를 확보해야 한다. 실외에서 재배하는 것을 추천한다. 품종에 따라서는 여름 고온을 싫어하는 타입, 겨울 저온에 약한 타입이 있으므로 여름과 겨울의 관리에 주의한다. 적절한 환경에서는 잎이 빽빽하고 보기 좋은 포기로 성장한다.

전반적으로 생육이 왕성하므로 매년 초봄에 한 치수 커다란 화분으로 갈아주는 것이 좋다. 잎꽂이나 눈꽂이로 간단히 번식시킬 수 있다.

▌고자(古紫)
Echeveria affinis

진한 적자색 잎이 특징인 시크한 매력의 에케베리아이다. 햇빛을 많이 받으면 색이 더욱 진해진다. 15cm 정도의 꽃대가 나와서 진한 빨간색 꽃이 핀다. 사진 속 식물은 폭 8cm 정도이다. 여름 더위에 약하므로 주의한다.

▌아가보이데스 길바
Echeveria agavoides 'Gilva'

아가보이데스(*E. agavoides*)와 엘레강스(*E. elegans*)의 교잡종으로 다른 타입도 여러 가지 존재한다. 겨울에는 빨갛게 물들어서 아름답다.

상생산(相生傘)
Echeveria agavoides 'Prolifera'

예로부터 재배되고 있는 품종으로, 아가보이데스 중에서는 잎
이 가늘고 단풍도 화려하지는 않지만, 다양한 품종의 교잡 원
종으로 유명하다. 사진 속 식물은 폭 20cm 정도이다.

아가보이데스 레드엣지
Echeveria agavoides 'Red Edge'

잎끝이 뾰족한 것이 특징으로, 겨울에는 테두리가 검은색으로
변해서 임팩트가 있다. 추위에 강한 대형종으로, 사진 속 식물
은 폭 30cm 정도이다. 예전에는 '립스틱'이라고 불렸다.

아가보이데스 로메오
Echeveria agavoides 'Romeo'

독일에서 아가보이데스 코듀로이 씨앗으로 만들어진 아름다
운 품종이다. '레드에보니'라는 이름으로 유통되고 있지만, 이
것은 틀린 이름이다. 사진 속 식물은 폭 15cm 정도이다.

호(鯱)
Echeveria agavoides f.cristata

아가보이데스의 철화품종이다. 철화되면 잎이 작아지고 왜성
화된다. 철화에서 돌아오면 본래 사이즈로 자라게 된다. 사진
속 식물은 폭 15cm 정도이다.

아가보이데스 코듀로이
Echeveria agavoides 'Corderoyi'

아가보이데스의 변종으로 잎끝의 빨간 손톱이 특징이다. 빨간색인 아가보이데스 로메오(p.147)는 이 종류의 씨앗에서 만들어진 돌연변이종이다.

아모에나 라우 065
Echeveria amoena 'Lau 065'

아모에나의 기본종과 비교하면, 잎이 자청색이고 줄기가 없다. 어린 포기가 나와서 번식하고 군생한다. 사진 속 식물은 폭 10cm 정도이다.

아모에나 페로테
Echeveria amoena 'Perote'

멕시코의 페로테산 식물이다. 줄기는 약간 길고 '라우 065'보다 소형종이다. 각각의 포기는 2cm 정도이다.

칸테
Echeveria cante

'에케베리아의 여왕'이라고도 불리는 품종이다. 생장하면 로제트 지름이 30cm까지도 자라는 대형종이다. 잎은 하얀 가루로 덮여져 있고 잎 가장자리가 빨간색으로, 가을에서 겨울까지는 더욱더 붉게 된다.

은명색(銀明色)
Echeveria carnicolor

갈색의 '은명색'이 많이 유통되고 있지만, 이름과 같은 뜻의 은색의 잎이 더 예쁘다. 줄기가 없고 전체적으로 납작한 모습으로, 꽃은 겨울에 핀다. 사진 속 식물은 폭 4cm 정도이다.

키클렌시스 앙카페루
Echeveria chiclensis 'Ancach Peru'

페루 원산의 소형 에케베리아로 초록색 잎과 푸른색 잎이 있다. 사진 속 식물은 푸른색 잎으로 폭은 7cm 정도이다. 줄기가 없고 새끼 포기가 나와서 군생한다.

치와와엔시스
Echeveria chihuahuaensis

두꺼운 황록색 잎이 하얀 가루에 덮여있고, 잎끝이 핑크색으로 물드는 중형 에케베리아이다. 꽃은 오렌지색이다. 사진 속 식물은 생장점이 나뉘지 않고 자란 식물로 폭 8cm 정도이다.

치와와엔시스 루비블러시
Echeveria chihuahuaensis 'Ruby Blush'

치와와엔시스와 마찬가지로 생장점이 나뉘지 않고 예쁘게 자란다. 약간 소형종으로, 잎끝의 손톱은 크고 빨갛게 물든다. 사진 속 식물은 폭 5cm 정도이다.

콕키네아(철화)
Echeveria coccinea f.cristata

예로부터 많이 유통되는 콕키네아의 철화 품종이다. 잎에 짧은 털이 있다. 고산성 식물로 더위에 약하므로 주의한다. 사진 속 식물은 폭 15cm 정도이다.

콜로라타
Echeveria colorata

에케베리아 속의 대표적인 중형종으로 다양한 타입이 있다. 사진 속 식물은 표준형으로 폭 20cm 정도이다. 단정한 모습으로 많은 교배종의 원종이기도 하다.

콜로라타 브랜드티
Echeveria colorata var. *brandtii*

콜로라타의 변종으로 기본종보다 약간 작고 잎이 가는 것이 특징이다. 겨울에 단풍이 들면 아름다운 빨간색이 된다. 사진 속 식물은 폭 15cm 정도이다.

콜로라타 린드세이아나
Echeveria colorata 'Lindsayana'

콜로라타의 우형종이다. 1992년 '멕시칸 소사이어티'지에 아름다운 묘목의 사진이 발표되었는데 그 자손이 진정한 린드세이아나일 것이다. 폭은 15cm 정도이다.

콜로라타 타팔파
Echeveria colorata 'Tapalpa'

콜로라타의 소형 변종이다. 특히 하얗고 콤팩트한 잎이 특징이
다. 꽃은 기본종과 같지만 사이즈는 약간 소형이다. 사진 속 식
물은 10cm 정도이다.

크라이기아나
Echeveria craigiana

크라이기아나에는 몇 가지 타입이 있지만 사진은 '원더프리 컬
러드'라고 불리는 우형종이다. 생장은 느리고 잎이 단단하지
않다. 사진 속 식물은 폭 10cm 정도이다.

쿠스피다타
Echeveria cuspidata

중형의 흰색 에케베리아이다. 잎끝의 손톱이 빨갛게 되었다가
검게 되는 것이 특징이다. 튼튼하며 기르기 쉽고, 꽃이 많이 피
고 교배에도 사용하기 좋은 종류이다.

쿠스피다타 사라고사에
Echeveria cuspidata var. *zaragosae*

쿠스피다타의 변종으로 소형 에케베리아의 인기종이다. '자라
고사에'라고도 불리지만 스페인어로 '사라고사에'라고 발음하
는 것이 정확하다. 사진 속 식물은 폭 6cm 정도이다.

▌정야(静夜)
Echeveria derenbergii

소형 에케베리아 대표종으로 많은 우형 교배종의 교배 원종으로 사용한다. 폭 6cm 정도로, 어린 포기를 여러 개 만들어서 군생한다. 초봄에 오렌지색 꽃이 핀다.

▌디프락텐스
Echeveria diffractens

소형 에케베리아로 로제트 하나의 폭은 5cm 정도이다. 줄기는 자라지 않고, 꽃이 많이 핀다. 예전에는 디프라간스(*difragans*)라고 불렸다.

▌엘레강스
Echeveria elegans

대표적인 에케베리아 소형종으로 폭 7cm 정도이다. 많은 우형종의 교배 원종으로 사용되었다. 겨울에도 단풍이 들지 않는 것이 특징으로 반투명의 테두리가 아름답다.

▌엘레강스 알비칸스
Echeveria elegans 'Albicans'

엘레강스 우형 품종으로 잎이 두껍고 잎끝이 약간 붉게 물든다. 어린 포기가 나와서 군생한다.

엘레강스 엘치코
Echeveria elegans 'Elchico'

멕시코 엘치코 원산의 엘레강스 신품종이다. 잎 테두리와 손톱
이 빨갛게 되는 것이 다른 엘레강스에는 없는 특징이다.

엘레강스 라파스
Echeveria elegans 'La Paz'

멕시코 라파스 원산의 엘레강스 실생묘이지만 원산이 히알리
아나(p.155)와 같아서 같은 종이라고도 생각된다. 크기가 크고,
잎도 많은 편으로, 폭 8cm 정도 된다.

엘레강스 톨란통고
Echeveria elegans 'Tolantongo'

멕시코 톨란통고 원산의 신품종으로 다른 어떤 엘레강스와도
다른 분위기이다. 사진 속 식물은 폭 5cm 정도로 아직 꽃이 필
만큼은 자라지 않은 상태이다.

에우리클라미스 페루
Echeveria eurychlamys 'Peru'

페루 원산의 에케베리아이다. 개성적인 보라색으로 멕시코의
에케베리아와는 약간 다른 분위기를 낸다. 폭 7cm 정도이다.

한조소금 (寒鳥巢錦)
Echeveria fasciculata f.*variegata*

예로부터 있었지만. 신비에 싸여있는 에케베리아이다. 사진 속
식물은 무늬종으로 폭 7cm 정도이다. 여름 더위에 약하고 보존
하는 것도 어려운 종류이다. 재배자의 기술이 많이 필요하다.

푸밀리스
Echeveria fumilis

보라색의 소형 우량종이다. 산지에 따라 다양한 타입이 있지만
사진은 멕시코 시마판 원산이다. 더위에 약하므로. 여름에 시
원하게 해주는 것이 중요하다. 폭 7cm 정도이다.

글라우카 푸밀라
Echeveria glauca var. *pumila*

정원의 그라운드 커버로 이용될 만큼 튼튼한 에케베리아이다.
폭 10cm 정도의 아름다운 품종이다. 세쿤다(p.161)의 근연종이
라고 생각되기도 한다.

글로불로사
Echeveria globulosa

재배하기 매우 어려운 종류이다. 고산성 에케베리아로 더위에
약하고 고온 다습한 곳에서는 여름을 견디기 어렵다. 사진 속
식물은 폭 5cm 정도이다.

히알리아나
Echeveria hyaliana (Echeveria elegans)

'The genus Echeveria'에 게재된 '히알리아나'는 잎의 개수가 적고 거친 느낌이지만, 일반적으로 유통되고 있는 것은 이 타입이다. 폭 5cm 정도로 소형이다.

라우이
Echeveria laui

흰색 에케베리아의 왕이 칸테라면, 이 종류는 여왕이라고 할 수 있다. 다양한 교배종이 만들어졌지만, 이 원종을 뛰어넘는 것은 아직 존재하지 않는다. 폭 10cm 정도이다.

백토이(白兎耳)
Echeveria leucotricha 'Frosty'

풀비나타 프로스티(p.159)와 비슷하지만, 이 종류가 더 크다. 사진 속 식물은 폭 10cm 정도이다. 잎끝이 갈색인 것이 특징이다.

릴라키나
Echeveria lilacina

폭 20cm 정도로 하얀 가루가 있는 아름다운 종류이다. 릴라시나, 라이라시나 등으로도 불린다.

리온시
Echeveria lyonsii

2007년에 승인된 신종으로 아직 상당히 희귀한 품종이다. 사진 속 식물은 멕시코 라파스 원산으로 폭 10cm 정도이다. 생장기에는 잎 가장자리가 초록색이 된다.

막도우갈리
Echeveria macdougallii

나무 모양으로 자라는 소형 에케베리아로, 폭은 2cm 정도이다. 높이는 15cm 정도까지 자란다. 겨울에는 빨갛게 단풍이 들어서 예쁘다.

미니마
Echeveria minima

소형 에케베리아의 대표종으로 작은 품종을 만드는 원종으로 세계적으로 많이 이용된다. 잎 색이나 손톱색이 다른 것은 전부 교배종이라고 생각하면 된다.

모라니
Echeveria moranii

잎 가장자리가 빨갛게 되는 것이 특징으로, 교배 원종으로 사용하면 똑같은 특징을 가진 자손을 만들 수 있다. 폭 6cm 정도로 군생한다. 고산에서 자라는 식물로 더위에 약하므로 주의한다.

▌홍사(紅司)
▌*Echeveria nodulosa*

나무 모양으로 자라는 에케베리아로 폭 5cm, 높이 15cm 정도
로 자란다. 몇 가지 변종이 알려졌지만 사진 속 식물은 표준
타입이다. 고산 식물로 더위에 약하다.

▌홍사금(紅司錦)
▌*Echeveria nodulosa f.variegata*

'홍사'의 노란색 반엽 품종이다. 번식이 어려워서, 묘목을 보기
는 어렵다. 사진 속 식물은 폭 8cm 정도이다. 여름에는 차광해
서 시원하게 해준다.

▌팔리다 하이브리드
▌*Echeveria pallida* hyb.

팔리다는 튼튼하고 생장이 빠르다. 꽃가루도 많으므로 '백봉'
등의 교잡 원종으로 사용된다. 이 종도 교배종 중 한 가지이다.
줄기가 서는 것과 추위에 약한 것이 재배 시 어려운 점이다. 폭
20cm 정도이다.

▌페아코키
▌*Echeveria peacokii*

페아코키의 기본종이다. 넓은 청자색 잎이 특징으로, 일 년 내
내 잎 색은 변하지 않는다. 사진 속 식물은 폭 10cm 정도이다.

페아코키 수브세실리스
Echeveria peacockii var. *subsessilis*

얇고 둥근 잎을 가지고, 대형으로 자라는 페아코키의 변종이다. 사진 속 식물은 폭 15cm 정도이다. 잎 테두리가 약간 핑크색으로 단풍이 든다.

페아코키 수브세실리스 (무늬종)
Echeveria peacockii var. *subsessilis f.variegata*

페아코키 수브세실리스의 노란색 복륜종이다. 잎꽂이로는 번식이 불가능해서 묘목수는 그다지 많지 않다. 더위에 약하므로 여름철에 주의한다. 폭 6cm 정도이다.

페아코키 굿루커
Echeveria peacockii 'Good Looker'

멕시코 푸에블라 원산인 페아코키의 우형종이다. 약간 콤팩트하지만, 잎 폭이 넓고 두껍고 튼튼한 느낌이다.

풀리도니스
Echeveria pulidonis

에케베리아 중에서도 교잡 원종으로 가장 많이 사용된 유명한 종류이다. 콤팩트하고 빨간 테두리가 있어서 좋은 자손을 만들 수 있다. 폭은 8cm 정도이다.

풀비나타 프로스티
Echeveria pulvinata 'Frosty'

풀비나타의 흰색 품종이다. 키가 작은 나무 모양을 형성한다. 생장이 빠르고 튼튼해서 모아심기 재료로도 사용된다. 사진 속 식물은 좌우 15cm 정도이다.

대화금(大和錦)
Echeveria purpusorum

'대화금'이라는 이름으로 유통되는 빨갛고 통통한 잎의 품종은 교배종인 '디오니소스'이다. 원종은 사진과 같이 잎이 뾰족하고 자연무늬도 확실해서 아름답다.

로돌피
Echeveria rodolfii

2003년에 승인된 신종이다. 광택이 없는 보라색 잎이 시크하고 매력적이다. 꽃이 많이 피는 편이지만, 꽃이 지나치게 많이 피면 약해지므로 주의한다. 폭은 15cm 정도이다.

루브로마루기나타 에스페란사
Echeveria rubromaruginata 'Esperanza'

루브로마루기나타에는 몇 가지 타입이 있는데, 이 종도 그 중한 가지이다. 중형으로 '셀렉션(p.160)'만큼은 아니지만 약간 프릴이 있는 타입이다. 사진 속 식물은 폭 15cm 정도이다.

▶에케베리아

루브로마루기나타 셀렉션
Echeveria rubromaruginata 'Selection'

이 식물은 원종인 루브로마루기나타의 소형 선발종이다. 잎의 엣지를 장식하는 작은 프릴이 특징이다.

룬요니
Echeveria runyoni

몇 가지 타입이 있지만, 이것이 기본종이다. 푸른빛이 도는 흰색으로 단정한 모양의 우형종이다. 사진 속 식물은 폭 10cm 정도이다.

룬요니 산카를로스
Echeveria runyonii 'San Calros'

최근에 산카를로스 시에라 산에서 발견된 새로운 룬요니이다. 기본종보다는 약간 대형으로 평평하고 완만한 웨이브를 가진 잎이 아름다운 품종이다. 사진 속 식물은 폭 15cm 정도이다.

룬요니 탑시터비
Echeveria runyonii 'Topsy Turvy'

룬요니의 돌연변이종으로 잎이 반대로 꺾여서 굽어 있는 것이 특징이다. 강건한 보급종으로 사진 속 식물은 폭 10cm 정도이다.

세쿤다
Echeveria secunda var. *secunda*

많은 세쿤다 중에서 기본적인 타입으로 튼튼하고 어린 포기가 잘 생겨서 군생주를 형성한다. 사진 속 식물 전체는 폭 15cm 정도이다.

세쿤다 레글렌시스
Echeveria secunda var. *reglensis*

세쿤다 중에서는 가장 작은 타입이다. 씨앗이 발아해서 1년 만에 개화한다. 각각의 로제트 하나는 폭 2cm 정도이지만, 어린 포기가 나와서 예쁜 군생주를 만든다.

세쿤다 푸에블라
Echeveria secunda 'Puebla'

외서 'The genus Echeveria'의 p.247에 있는 세쿤다이다. 멕시코 푸에블라 원산으로 세쿤다 중에서는 가장 아름답다. 사진 속 식물은 폭 10cm 정도이다.

세쿤다 테낭고돌로
Echeveria secunda 'Tenango Dolor'

멕시코 테낭고돌로 원산으로 자청색의 아름다운 세쿤다이다. 소형으로 어린 포기가 잘 생겨서 군생한다. 사진 속 식물은 폭 5cm 정도이다.

▌ 세쿤다 사모라노
▌ *Echeveria secunda* 'Zamorano'

멕시코 사모라노 원산의 잎끝의 손톱이 빨갛게 되는 아름다운 종류이다. 세쿤다 중에서는 재배가 약간 어려운 종류이다. 사진 속 식물은 폭 6cm 정도이다.

▌ 세토사
▌ *Echeveria setosa* var. *setosa*

잎 털이 특징인 세토사의 기본종이다. '청저'라고 불리기도 하는 세토사 미노르 (*E. setosa* var. *minor*)와 비슷하지만 미노르는 약간 더 잎끝이 뾰족하다. 사진 속 식물은 폭 6cm 정도이다.

▌ 세토사 데미누타
▌ *Echeveria setosa* var. *deminuta*

세토사 중에 미세한 털을 가진 소형종이다. 모든 세토사가 그렇지만 여름 더위에 약하므로 주의한다. 사진 속 식물은 폭 5cm 정도이다.

▌ 세토사 미노르 코메트
▌ *Echeveria setosa* var. *minor* 'Comet'

세토사 미노르 씨앗으로 키운 묘목에서 발견된 돌연변이종이다. 방사상의 잎끝이 뾰족한 것이 특징이다. '코메트'는 '혜성'이라는 의미이다. 폭 8cm 정도이다.

사비아나 그린프릴
Echeveria shaviana 'Green Frills'

사비아나 기본종은 블루프릴과 핑크프릴 같이 다양한 잎의 베리에이션이 있지만, 이 품종은 스페인 페레그리나 원산의 그린프릴이다.

사비아나 핑크프릴
Echeveria shaviana 'Pink Frills'

잎 전체가 옅은 보라색이다. 잎 표면에 흰 가루를 뿌린 듯하고, 잎끝에는 약간 프릴이 있다. 꽃은 연한 핑크색이다. 여름 더위에 약하므로 차광에 신경을 써준다.

스트릭티플로라 부스타만테
Echeveria strictiflora 'Bustamante'

스페인 부스타만테 지역산인 스트릭티플로라의 한 종류이다. 마름모 모양에 흰빛이 나는 베이지색 잎이 독특하다.

수브코림보사 라우 026
Echeveria subcorymbosa 'Lau 026'

026은 알프레드 라우 농장의 컬렉션 번호이다. 중간 크기의 넓은 잎을 가진 대형 에케베리아이다. 잎색은 Lau030보다 하얗고 잎이 단풍들지 않는다. 폭 6cm 정도이다.

수브코림보사 라우030
Echeveria subcorymbosa 'Lau 030'

소형으로 어린 포기가 많이 나와서 예쁜 군생주를 형성한다. 사진은 폭 4cm 정도이다.

수브리기다
Echeveria subrigida

흰 가루를 뿌린 듯한 잎 가장자리가 빨갛게 되는 대형종이다. 사진 속 식물은 폭 10cm 정도이지만 20~30cm까지 자란다. 잎꽂이는 어렵지만, 꽃대에 있는 작은 잎을 사용하면 뿌리가 잘 나온다.

톨리마넨시스
Echeveria tolimanensis

흰 가루를 뿌린 듯한 길쭉한 잎이 독특한 강건종이다. 꽃대는 짧고 오렌지색으로 다화성이다. 사진 속 식물은 폭 7cm 정도이다.

트리안티나
Echeveria trianthina

보라색 잎을 가진 소형 에케베리아로 화려하진 않지만 번식이 어려워서 잘 유통되지 않는 귀한 품종 중 한 가지이다. 사진 속 식물은 폭 5cm 정도이다.

투르기다 시에라델리시아스
Echeveria turgida 'Sierra Delicias'

잎이 안쪽으로 말리는 모습이 독특하다. 잎끝의 손톱도 예쁘다. 여름철 더위에 약하므로 주의가 필요하다. 스페인 데리시아스산에 자생하는 종류로 사진 속 식물은 폭 7cm 정도이다.

크시쿠엔시스
Echeveria xichuensis

에케베리아 중에서도 가장 희귀한 종류 중 한 가지이다. 씨앗의 발아율도 좋지 않고 재배하기도 어려워서 그다지 유통되지 않고 있다. 소형으로 잎의 움푹 들어간 골이 독특하다. 잎은 4cm 정도이다.

아글라야
Echeveria 'Aglaya'

줄기가 긴 대형종인 기간테아에 줄기가 없는 라우이를 교배시킨 종류로 줄기가 없고 잎은 기간테아처럼 크다. 꽃은 라우이같이 고개를 숙이고 있다. 사진은 폭 20cm 정도이다.

애프터글로우
Echeveria 'Afterglow'

수브리기다(*E. subrigida*) × 사비아나(*E. shaviana*)로 알려져 있었지만, 칸테(*E. cante*) × 사비아나로 변경되었다. 예전에는 칸테와 수브리기다를 혼동했기 때문이다. 폭은 30cm 정도이다.

▶ 에케베리아

아프로디테
Echeveria 'Aphrodite'

'아름다움과 사랑의 여신'이란 의미이다. 갈색빛 도는 보라색의
독특한 잎 색과 안쪽으로 말리는 두꺼운 잎이 아름답고 매력
적이다. 사진 속 식물은 폭 10cm 정도이다.

베이비돌
Echeveria 'Baby doll'

콜로라타 브란디티(*E. clorata* var. *branditi*)에 통통하고 동그
란 잎의 케세링기아나(*E. elegans* var. *Kesselringiana*)를 교
배해서 만든 품종이다. 사진 속 식물은 폭 7cm 정도이다.

벤 바디스
Echeveria 'Ben Badis'

유명한 교배종으로 잎끝 손톱과 뒷면에 있는 빨간 선이 아름
답다. 사진 속 식물은 폭 7cm 정도이다.

블랙 프린스
Echeveria 'Black Prince'

아피니스(*E. afinis*) × 사비아나(*E. shaviana*)라고 추측되는
교배종이다. 생장이 빠른 것이 특징이다. 여름철 강한 햇빛에는
약하므로 주의가 필요하다. 사진 속 식물은 폭 10cm 정도이다.

블루 버드
Echeveria 'Blue Bird'

예전부터 많이 만들고 있는 우형 교배[칸테(*E. cante*) × 페아코키(*E. peacokii*)]의 한가지다. 양쪽의 좋은 성질을 물려받았으며, 튼튼해 보이는 흰색 잎이 매력적이다. 줄기가 없는 형태이다. 사진 속 식물은 폭 15cm 정도이다.

블루 엘프
Echeveria 'Blue Elf'

'엘프'는 '작은 요정'이라는 의미이다. 페아코키(*E. peacokii*)에 엘엔시노(*E. 'El Encino'*)를 교배한 빨간 손톱을 가진 귀여운 소형종이다. 사진 속 식물은 폭 4cm 정도이다.

블루 라이트
Echeveria 'Blue Light'

일본에서 만들어진 우형 교잡종 중 하나이다. 만들어질 당시의 유행가인 '블루 라이트 요코하마'에서 이름을 따왔다고 한다. 사진 속 식물은 폭 20cm 정도이다.

본비시나 (철화)
Echeveria 'Bonbycina' f.*cristata*

보급종인 본비시나[세토사(*E. setosa*) × 풀비나타(*E. pulvinata*)]의 철화로 매우 보기 드문 종류이다. 더위에 약하고 번식이 어렵다. 사진 속 식물은 폭 7cm 정도이다.

브래드부리아나
Echeveria 'Bradburyana'

좋은 교배종이지만, 사진 속 식물은 오래된 묘목이라 바이러스가 생겨서 잘 자라지 못해 아쉽다. 폭 7cm 정도이다.

카디
Echeveria 'Cady'

칸테(*E. cante*) × 아피니스. 독일 쾨레스 농장의 교배종이다. 중형으로 보라색 잎인 '블루 프린스(*E.* 'Blue Prince')'와 매우 비슷하지만 다른 종이다. 사진 속 식물은 좌우 20cm 정도이다.

카산드라
Echeveria 'Casandra'

칸테(*E. cante*)와 사비아나의 교배종으로 부모의 좋은 형질을 받았다. 프릴이 작아서 칸테와 비슷한 분위기이다. 핑크색의 그레이데이션이 예쁘다. 폭 20cm 정도이다.

카토르스
Echeveria 'Catorse'

Echeveria sp.라고만 알려져 있었지만 최근 '카토르스'라는 이름으로 승인받은 종류이다. 세쿤다(*E. secunda*)와 비슷하지만 꽃이 피는 모습이나 잎 수가 적은 것이 다르다. 폭은 6cm 정도이다.

초크 로즈
Echeveria 'Chalk Rose'

룬요니(*E. runyonii*)의 교배종인 것은 알려졌지만, 다른 쪽 부모는 무엇인지 모른다. 룬요니보다 평평하고 잎도 노랗다. '차이나 로즈'라는 틀린 이름으로 유통되어 왔다. 사진 속 식물은 폭 6cm 정도이다.

크리스마스
Echeveria 'Christmas'

'풀리도니스 그린폼'이라는 이름으로 유통되어 왔지만, 풀리도니스(*E. pulidonis*)와 아가보이데스(*E. agavoides*)의 교배종으로 풀리도니스의 변종은 아니다. 사진 속 식물은 폭 6cm 정도이다.

코멜리
Echeveria 'Comely'

미니마(*E. minima*) × 쿠스피다타 사라고사에(*E. cuspidata var. zaragosae*)의 교잡종으로 미니마와 비슷한 손톱이 빨갛게 물들어 있다. 잎색은 쿠스피다타와 비슷한 청자색이다. 사진 속 식물은 폭 4cm 정도로 곧 개화할 정도로 자란 크기이다.

콤포트
Echeveria 'Comfort'

'콤포트'는 '편안하다'라는 의미이다. 엘엔시노(*E.* 'El Encino') × 콜로라타(*E. colorata*)의 교잡종이다. 콜로라타의 교배종에는 좋은 품종이 많다. 엘엔시노도 좋은 품종이다. 폭 6m 정도이다.

화월야(花月夜)
Echeveria 'Crystal'

엘레강스(*E. elegans*)와 풀리도니스(*E. pulidonis*)의 교배종이
다. 소형으로 예쁜 인기 품종이다. 폭은 10cm 정도이다. '화월
야'라는 이름이 있지만, 최근에는 '크리스탈'이라는 이름으로
유통된다.

에미넌트
Echeveria 'Eminent'

쿠스피다타(*E. cuspidata*) × 콜로라타(*E. colorata*)의 교배종
으로 손톱의 느낌이 쿠스피다타와 비슷하고 콜로라타의 두꺼
운 잎을 물려받았다. 사진 속 식물은 폭 10cm 정도이다.

에스포와르
Echeveria 'Espoir'

'대화미미(대화금(*E. purpusorum*) × 미니마(*E. minima*))' ×
릴라키나(*E. lilacina*)의 3종 교배종이다. '대화금'의 분위기가
많이 남아있지만, 릴라키나의 잎 느낌도 많이 남아있다.

페어리 옐로우
Echeveria 'Fairy Yellow'

초크 로즈(*E.* 'Chalk Rose')와 도밍고(*E.* 'Domingo')를 교배하
여 만든 옐로우 타입이다. 같은 교배로 만든 종류로는 보라색
의 '페어리 퍼플'도 있다. 사진 속 식물은 폭 5cm 정도이다.

페미닌
Echeveria 'Feminine'

라우이(*E. laui*)와 풀리도니스(*E. pulidonis*)의 교배종은 다양하지만 전부 아름답다. 사진 속 식물도 그중 한 종류로, 폭은 6cm 정도이다. 페미닌은 '아름다운 여성'이라는 의미이다.

풋 라이트
Echeveria 'Foot Lights'

팔리다(*E. pallida*) × 풀리도니스(*E. pulidonis*). 팔리다의 교배종에는 키가 큰 것이 많지만 가끔 줄기가 없는 것도 있다. 이 종류도 줄기가 없는 것으로 폭 7cm 정도이다. '풋 라이트'는 다리 쪽에 비추는 빛이라는 의미이다.

그레이스
Echeveria 'Grace'

'우수하고 아름답다'라는 의미이다. 모라니(*E, moranii*) × 산카를로스(*E. runyonii* 'San Calros')로 양쪽 부모의 특징이 어느 부분에 있는지 확연하진 않지만 예쁜 교배종이다. 사진 속 식물은 폭 8cm 정도이다.

은무원(銀武源)
Echeveria 'Graessner'

데렌베르기(*E. derenbergii*) × 풀비나타(*E. pulvinata*)로 보통은 청록색이지만, 단풍이 들면 노랗게 된다. 꽃대가 짧고 튼튼하다. 군생주를 만들기 쉽다. 사진 속 식물은 좌우 20cm 정도이다.

171

백봉(白鳳)
Echeveria 'Hakuhou'

일본에서 만들어진 팔리다(*E. pallida*) × 라우이(*E. laui*)의 우
형종이다. 팔리다의 교배종으로 드물게 줄기가 없는 타입으로
테두리부터 시작되는 핑크색 그러데이션이 아름답다. 폭 12cm
정도이다.

하나이카다금(花いかだ錦)
Echeveria 'Hanaikada' f.*variegata*

'하나이카다'의 무늬종이다. 교배해서 작출한 농장의 이름을 따
서 '상복금'이라고도 불린다. 폭 15cm 정도이다.

화재상(花の宰相)
Echeveria 'Hananosaishou'

팔리다(*E. pallida*) × 세쿤다(*E. secunda*)로 '팔리다 프린스'
라고도 불린다. 사진은 단풍이 들기 전 모습이지만, 단풍이 들
면 테두리가 멋진 붉은색이 된다. 사진 속 식물은 폭 8cm 정도
이다.

헬리오스
Echeveria 'Helios'

모라니(*E. moranii*) × 페아코키(*E. peacokii*)로 페아코키의 형
태에 모라니의 빨간색 테두리가 들어가 있다. 겨울에는 단풍이
들어서 빨갛게 물든다. 폭 6cm 정도이다. 헬리오스는 '태양신'
이란 의미이다.

임피쉬
Echeveria 'Impish'

투르기다(*E. turgida*) × 미니마(*E. minima*)로 투르기다가 작아지고 잎끝의 손톱도 뾰족해진 소형의 에케베리아이다. 폭 3cm 정도이다. '임피쉬'는 '작은 악마 같은'이란 의미이다.

이노센트
Echeveria 'Innocent'

화월야 (*E.* 'Crystal') × 팔리다(*E. pallida*). 커다란 잎을 가진 팔리다와는 다르고, '화월야'와 비슷하게 작다. 사진 속 식물은 폭 3cm 정도로 아직 꽃이 피려면 더 키워야 한다.

J.C. 반케펠
Echeveria 'J.C.Van Keppel'

예로부터 있는 교배종(엘레강스(*E. elegans*) × 아가보이데스(*E. agavoides*))으로 '아이보리'라는 이름으로도 유통되고 있다. 사진은 여름 모습으로 폭 7cm 정도이다. 겨울에는 잎끝이 핑크색으로 물든다.

제트레드 미니마
Echeveria 'Jet-Red minima'

지금까지의 '레드 미니마'는 원종인 미니마(*E. minima*)와 거의 같은 모습이었다. '레드 미니마'라는 이름에 어울리는 교배종이 드디어 만들어졌다.

쥴리스
Echeveria 'Jules'

교배 원종은 알려지지 않았다. 에케베리아로 알려졌지만, 꽃은 그라프토페탈룸(*Graptopetalum sp.*)과 비슷하고 그라프토베리아(*Graptoveria sp.*)일지도 모른다. 겨울에는 보라색으로 물들어서 아름답다. 사진 속 식물은 폭 10cm 정도이다.

라콜로
Echeveria 'La Colo'

라우이(*E. laui*) × 콜로라타(*E. colorata*). 이들의 교배종은 전 세계에서 많이 만들어지고 있는 것으로 유명한 라우린제(라우이 × 린제아나 (*E. colorata 'Lindsayana'*))와 같은 것이다. 사진 속 식물은 폭 25cm 정도이다.

라우린제
Echeveria 'Laulindsa'

라우이(*E. laui*)와 린제아나(*E. colorata 'Lindsayana'*)를 교배한 유명한 교배종이다. 원종과 약간씩 다른 종류가 만들어져서 매우 다양한 교배종이 있다. 폭 20cm 정도의 대형종이다.

롤라
Echeveria 'Lola'

릴라키나(*E. lilacina*) × 데렌베르기(*E. derenbergii*)로 추정되곤 하지만 틴피 × 릴라키나가 정확하다. 비슷한 것으로 데렌세아나가 있는데, 어린 묘목일 때는 구별하기 어렵다.

라바블
Echeveria 'Lovable'

미니마(*E. minima*) × 모라니(*E. moranii*) 이다. 미니마의 교
배종은 소형인 경우가 많아서 '귀엽다'라는 말이 잘 어울린다.
사진 속 식물은 폭 4cm 정도이다. '라바블'은 '사랑스럽다'는
의미이다.

루킬라
Echeveria 'Lucila'

라우이(*E. laui*) × 릴라키나(*E. lilacina*)로 정확히 양쪽 부모의
중간이라는 느낌의 교배종이다. 잎은 릴라키나와 비슷하고 꽃
은 라우이와 비슷하다. 사진 속 식물은 폭 20cm 정도이다.

셀 에스트렐라트
Echeveria 'Cel Estrellat'

이전에는 말리아(*E.* 'Malia')라고 불렸지만, 아가보이데스(*E.
agavoides*)에도 같은 이름의 식물이 있어서, '셀 에스트렐라
트'로 변경되었다. 사진 속 식물은 폭 7cm 정도이다.

멕시칸 자이언트
Echeveria 'Mexican Giant'

콜로라타(*E. colorata*)의 변종이라고 생각되기도 하지만, 잘 관
찰하면 잎 모양이나 크기 무엇보다도 꽃 모양이 전혀 다르기 때
문에 다른 종으로 생각하는 것이 타당하다. 폭 25cm 정도이다.

▌멕시칸 선셋
▌*Echeveria* 'Mexican Sunset'

어린 포기가 계속 나와서 군생주를 이룬다. 가끔 로제트 형태로 돌아오는 경우도 있고, 콜로라타(*E. colorata*)와 꽃의 형태가 같은 것으로 보아서는 한쪽 부모가 콜로라타로 추정된다. 겨울철에는 빨갛게 물든다.

▌벽목단 (碧牡丹)
▌*Echeveria* 'Midoribotan'

예전에 도입된 식물(*Echeveria palmer*로 추정됨)에 '벽목단'이라는 이름이 붙었다. '블루 라이트'는 이 종과 칸테(*E. cante*)의 교배종으로 알려져 있다. 폭은 15cm 정도이다.

▌모모타로 (桃太郎)
▌*Echeveria* 'Momotarou'

'셀 에스트렐라트(p.175)'와 비슷하다. '셀 에스트렐라트'보다 손톱이 더 튼튼해 보이는 것이 특징이지만, 이 정도는 재배 조건에 의해 바뀔 수 있는 범위이다.

▌몬스터
▌*Echeveria* 'Monster'

라우이(*E. laui*)와 수브리기다(*E. subrigida*)의 교잡종이다. 초대형으로 로제트 지름이 50cm 정도이다. 비료를 많이 주어서 커다랗게 키운 것이 아니라, 그냥 키워도 크게 자란다.

문리버
Echeveria 'Moonriver'

'고사옹'의 흰색 무늬종이다. 무늬종 중 대형인 것은 드물기 때문에 귀한 종류이다. 멋진 포기가 되는 아름다운 종류로 사진 속 식물은 폭 20cm 정도이다.

들장미의 정령
Echeveria 'Nobaranosei'

데렌베르기(*E. derenbergii*) × 사라고사에(*E. cuspidata* var. *zaragosae*). 짧은 줄기에 데렌베르기 보다 약간 큰 로제트가 붙어있다. 꽃도 데렌베르기와 비슷하다. 사진 속 식물은 폭 5cm 정도이다.

팔피테이션
Echeveria 'Palpitation'

로메오(*E. agavoides* 'Romeo') × 톨리마넨시스(*E. tolimanensis*)로 빨간 톨리마넨시스라고 할 수 있다. 사진은 여름 모습으로 겨울에는 더욱더 빨갛게 물든다. 폭은 6cm 정도이다. '팔피테이션'은 '두근거림'이라는 뜻이다.

푸티
Echeveria 'Petit'

미니마(*E. minima*) × 세쿤다 그라우카(*E. secunda* 'Glauca'). 푸른색 잎에 빨간 손톱을 가진 소형종으로 빠르게 군생주를 형성한다. 사진은 좌우 7cm 정도이다. '푸티'는 '작고 귀엽다'는 의미이다.

▌핑키
▌*Echeveria* 'Pinky'

사비아나(*E. shaviana*) × 칸테(*E. cante*). 오래전부터 있었던 교배종으로 '카산드라'(p.168)와는 교배 모와 부가 반대이다. 핑크색으로 줄기가 없는 멋진 에케베리아로 사진 속 식물은 폭 20cm 정도이다.

▌핀휠
▌*Echeveria* 'Pinwheel'

'핀휠'은 '작은 풍차'라는 의미이다. '3/07'이라는 정리 번호로 수입되었지만 지금은 '핀휠'로 승인되었다. 소형으로 폭 5cm 정도이다.

▌파우더 블루
▌*Echeveria* 'Powder Blue'

한쪽 부모가 수브리기다(*E. subrigida*)로 '화이트 로즈'와 비슷하지만 약간 더 작고 군생한다. 로제트 하나는 폭이 10cm 정도이다.

▌프리마
▌*Echeveria* 'Prima'

'프리마'는 '여자 주인공'이라는 뜻이다. 핑키(*E.* 'Pinky') × 산카를로스(*E. runyonii* 'San Calros')로 사진 속 식물은 아직 어린 묘목이지만 산카를로스처럼 프릴이 생기면 재미있을 것 같다. 폭 5cm 정도이다.

금사(錦の司)
Echeveria 'Pulv-Oliver'

풀비나타(*E. pulvinata*)와 함시(*E. harmsii*)의 교배종으로 품종명은 '풀브올리버'이다. 짧은 털이 나 있는 잎이 예쁘다. 나무 모양으로 자라고 높이는 20cm 정도이다.

퍼스
Echeveria 'Puss'

퍼스는 '어린 소녀'라는 의미이다. 릴라키나(*E. lilacina*)와 데렌베르기(*E. derenbergii*)의 교배로 만들어진 신품종이다. 부모의 좋은 형질을 물려받아서 작고 예쁜 모습이 되었다. 폭 5cm 정도이다.

레인드롭스
Echeveria 'Raindrops'

잎에 혹이 생기는 것이 특징이다. '딕라이트(*E.* 'Dick Wright')'의 교배종으로 혹이 고정된 종이다. 재배는 사비아나(*E. shaviana*) 같이 차광해 주어야한다. 사진 속 식물은 폭 15cm 정도이다.

렐레나
Echeveria 'Relena'

룬요니(*E. runyonii*) × 롱기시마(*E. longissima*)로 독일 쾨레스 농장의 교배종이다. 로제트 형태는 룬요니, 잎 색은 롱기시마와 비슷하다. 겨울의 빨간 단풍은 에케베리아 중에서도 단연 돋보인다. 폭은 5cm 정도이다.

레볼루션
Echeveria 'Revolution'

'핀휠'의 씨앗에서 만들어진 돌연변이종으로 '탑시 터비(*E. runyonii* "Topsy Turuby")'와 비슷하게 잎이 뒤집혀 있는 신기한 종류이다. 사진 속 식물은 폭 10cm 정도이다.

루비 립스
Echeveria 'Ruby Lips'

대형 교배종으로 로제트의 지름은 25cm 정도가 된다. 교배 원종은 알 수 없다. 겨울에는 특히 빨갛게 되어 아름답다. 사진 속 식물은 폭 10cm 정도이다.

루디 페이스
Echeveria 'Ruddy Faced'

엘레강스 알비칸스(*E. elegans* 'Albicans') × '대화미니'(*E.* 'Yamatobini')로 엘레강스를 닮은 투명감있는 빨간 잎이 특징이다. 사진 속 식물은 4cm 정도이다. '루디 페이스'는 '빨간 얼굴'이라는 뜻이다.

샹그릴라
Echeveria 'Shangri-ra'

'샹그릴라'는 '지상의 낙원'이란 뜻이다. 릴라키나(*E. lilacina*) × 멕시칸 자이안트(*E. colorata* 'Mexican Giant')의 교배종으로, 이 교배종은 많은 종류가 있다. 우형종들의 교배인 만큼 좋은 품종이 많이 만들어진다. 폭 8cm 정도이다.

칠변화(七変化)
Echeveria 'Sichihenge'

호베이(*E. Hoveyi*)의 무늬종에서 만들어진 돌연변이종이다. 계절에 따라 잎색이 다양하게 변화하는 특이한 종류이다. 겨울에 가장 아름답다. 사진 속 식물은 폭 7cm 정도이다.

스톨로니페라
Echeveria 'Stolonifera'

세쿤다(*E. secunda*) × 그란디플로라의 교배종으로 일 년 내내 초록색이다. 가지를 뻗어서 어린 포기를 만들어 금세 군생주를 형성한다. 사진 속 식물은 폭 8cm 정도이다.

술레이카
Echeveria 'Suleika'

수브리기다(*E. subrigida*) × 라우이(*E. laui*). 독일 코레스 농장에서 만든 교배종으로 잎이 평평하고 흰 우량종이다. 일반적으로 라우이를 많이 닮은 교배종은 우수하다. 사진 속 식물은 폭 20cm 정도이다.

수셋타
Echeveria 'Susetta'

수브리기다(*E. subrigida*) × 페아코키(*E. peacokii*)의 교배종으로 술레이카와 비슷하지만 약간 소형으로 잎끝이 뾰족하고 손톱이 있다. 사진 속 식물은 폭 10cm 정도이다.

▌ 스위트하트
▌ *Echeveria* 'Sweetheart'

'스위트하트'는 '사랑하는 사람'이란 뜻이다. 라우이(*E. laui*)에 '벽목단'(*E.* 'Midoribotan')을 교배한 것으로, 역시 라우이를 이용한 교배종은 아름답다. 사진 속 식물은 폭 7cm 정도이다.

▌ 유니콘
▌ *Echeveria* 'Unicorn'

'유니콘'은 '일각수'를 의미한다. 부스타만테(*E. strictiflora* 'Bustamante') × 투르기다(*E. turgida*)의 씨앗 중에서 선발된 잎이 위를 향해 서 있는 품종이다. 베이지색 잎도 독특하다. 사진 속 식물은 폭 6cm 정도이다.

▌ 반 브린
▌ *Echeveria* 'Van Breen'

데렌베르기(*E. derenbergii*) × 카르니콜로르(*E. carnicolor*). '은광련'과도 비슷하다. 사진은 좌우 폭 18cm 정도이다. '팬퀸(Fan Queen)'이라고 불리기도 하지만, 이것은 잘못된 이름이다.

▌ 대화미니(大和美尼)
▌ *Echeveria* 'Yamatobini'

'대화미니'라고 불리기도 하지만, 작출자는 '야마토비니'라고 명기하고 있다. 사진 속 식물은 폭 6cm 정도이다.

그라프토페탈룸
Graptopetalum

DATA

과 명	돌나물과	
원 산 지	멕시코	
생 육 형	여름형, 봄·가을형	
관 수	봄~가을은 2주에 1회, 겨울은 월 1회	
뿌리 굵기	가는 뿌리 타입	
난 이 도	★☆☆☆☆	

　소형종이 많고, 에케베리아 등과의 교배가 활발히 이루어지고 있다. 여름에는 약간 건조하게 재배한다. 군생주를 크게 만들면 습해져서 썩기 쉬우므로 바람이 잘 통하게 해 준다.

아메티스티눔
Graptopetalum amethystinum

짧은 줄기 위에 둥근 잎으로 된 로제트를 형성한다. 폭은 7cm 정도이다. 꽃이 피지 않으면 파키피툼(*Pachyphytum sp.*)과 혼동하기 쉽다. 생장은 느리다.

국일화(菊日和)
Graptopetalum filiferum

예로부터 재배되고 있지만 의외로 보기 드문 종류이다. 사진 속 식물은 폭 5cm 정도이다. 여름철 더위에 매우 약하므로 주의가 필요하다.

막노우갈리
Graptopetalum macdougallii

매우 작은 종으로 폭 3cm 정도이다. 꽃대와 어린 포기가 러너 끝에 달리는 모습이 독특하다. 청자색 잎끝이 겨울에 빨간색으로 물들어서 아름답다.

▶그라프토페탈룸

희수려(姬秀麗)
Graptopetalum mendozae

그라프토페탈룸 속 중에 가장 작은 종으로 폭 1cm 정도이다.
꽃은 순백색이고 잎끝이 약간 뾰족하다. 매우 비슷한 종류로,
꽃에 빨간 점이 있고 잎끝이 둥근 미리나에(*G. mirinae*)가 있
다.

은천녀(銀天女)
Graptopetalum rusbyi

줄기가 거의 없는 소형종으로 폭은 4cm 정도이다. 잎은 보라
색으로 일 년 내내 같은 색을 유지한다. 꽃이 많이 피고 소형종
을 만들기 위한 교배 원종으로 이용하기 좋다.

브론즈
Graptopetalum 'Bronze'

붉은 브론즈색이 아름다운 종류이다. 겨울이 되면 사진 속 식
물보다 더욱더 색이 짙어진다.

큐트
Graptopetalum 'Cute'

그라프토페탈룸 사이의 교배종이다. 멘도자에(*G. mendozae*)
× 국일화(*G. filiferum*). 멘도자에를 닮아서 초소형이다. 번식
도 잘되어서 커다란 군생주를 형성한다. 사진 속 포기의 총 지
름은 12cm 정도이다.

그라프토베리아
Graptoveria

그라프토세덤
Graptosedum

그라프토페탈룸과 에케베리아의 속간 교잡종인 그라프토베리아, 세덤과의 교잡종인 그라프토세덤이다. 많은 교잡종 중 우수한 종만이 남아있다. 로제트형으로 도톰한 입이 특징이다.

햇빛이 잘 들고 바람이 잘 통하는 장소에서 물은 약간만 주면서 기르면 좋다. 생장기는 봄과 가을로, 한여름과 한겨울에는 휴면한다.

그라프토베리아 아메토룸
Graptoveria 'Amethorum'

에케베리아 '대화금(*Echeveria purpusorum*)'과 그라프토페탈룸 아메티스티눔(*Graptopetalum amethystinum*)과의 속간 교잡종이다. 깊이가 느껴지는 잎 색과 둥그렇고 통통한 잎이 매력적인 품종이다. 로제트의 지름은 5~6cm이다.

그라프토베리아 데비
Graptoveria 'Debbi'

보라색 빛이 나면서 표면에 가루를 뿌린 듯한 잎이 아름다운 보급종이다. 교배 원종은 확실하지 않다. 줄기가 없고 어린 포기가 나와서 군생한다. 여름에는 반그늘에서 관리해야 한다.

그리프토베리아 데카이른 (무늬종)
Graptoveria 'Decairn' f.*variegata*

교배 원종은 확실하지 않지만 꽃은 그라프토페탈룸이다. 소형으로 아름다운 무늬가 있어서 인기가 좋다. 가지가 잘 나와서 군생한다. 사진 속 식물을 폭 5cm 정도이다.

그라프토베리아 퍼니 페이스
Graptoveria 'Funy face'

그라프토페탈룸의 '국일화'(p.183)와 에케베리아와의 교잡종으로, 더위에 강한 종이다. 잎끝이 빨갛고 평평하며 번식력도 좋은 우량종이다. 폭은 6cm 정도이다.

그라프토베리아 루즈
Graptoveria 'Rouge'

'루즈'는 '빨간 입술'이란 의미이다. 그라프토페탈룸 아메지스티눔(*Graptopetalum amethystinum*) × 에케베리아 루브로마루기나타(*Echeveria tubromaruginata*)의 교잡종이지만 어느 쪽도 닮지 않은 새로운 모습이다. 폭은 15cm 정도이다.

백설일화(白雪日和)
Graptoveria 'Sirayukibiyori'

그라프토페탈룸 '국일화'(p.183)와 에케베리아 릴라키나(p.155)의 교배종이다. 이 품종은 부모의 좋은 부분만을 닮은 우량종이다.

그라프토베리아 스프라이트
Graptoveria 'Sprite'

에케베리아 풀리도니스(*E. pulidonis*)와 그라프토페탈룸 루스비(*G. rusbyi*)의 교배종이다. 소형인 루스비와 날카로운 풀리도니스의 느낌이 있어서 멋지다. 사진 속 식물은 4cm 정도이다.

그라프토베리아 슈퍼 스타
Graptoveria 'Super Star'

그라프토페탈룸 벨룸(*G. bellum*) × 에케베리아 라우이(*E. laui*). 꽃은 원종보다 크고 진한 핑크색이다. 벨룸 계열은 전부 여름 더위에 약하므로 주의한다. 사진 속 식물은 폭 20cm 정도이다.

그라프토베리아 토른우드 스타
Graptoveria 'Thornwood Star'

독일 쾨레스 농장의 교배종이다. 겨울에는 더욱더 빨갛게 물드는 묘목을 선발해서 '레드 스타'로 부르는 경우도 있다. 폭은 6cm 정도이다.

추려(秋麗)
Graptosedum 'Francesco Baldi'

매우 튼튼하고 번식력도 왕성해서 많이 재배되고 있다. 사진 속 식물은 폭 5cm 정도이다. 비슷한 원종으로 만들어진 교배종이 많이 있다.

그라프토세덤 글로리아
Graptosedum 'Gloria'

'글로리아'는 '후광'이라는 의미이다. 소형의 그라프토페탈룸 루스비(*Graptopetalum rusbyi*)와 줄기가 긴 세덤 아돌피(명월)(*Sedum adolphi*)의 교잡종으로 사진 속 식물은 폭 2cm 정도이다.

칼랑코에
Kalanchoe

DATA

과 명	돌나물과
원 산 지	마다가스카르, 남아프리카
생 육 형	여름형
관 수	봄·가을은 주 1회, 여름은 2주에 1회, 겨울은 단수
뿌리 굵기	굵은 뿌리 타입, 가는 뿌리 타입
난 이 도	★★☆☆☆

마다가스카르를 중심으로 120종 정도가 있는 다양한 모습을 가진 종류이다. 잎의 형태나 색이 개성적이고 미묘한 잎 색의 변화를 즐길 수도 있다. 잎 끝에 작은 어린 포기가 생기는 종류나 꽃이 아름다운 종류도 있다.

생장기는 봄~가을인 여름형이다. 비를 맞는 실외에서도 잘 자라는 종류가 많아서 재배는 매우 간단하다.

돌나물과의 식물은 비교적 내한성이 있는 종류가 많지만, 칼랑코에는 추위에 약한 성질도 가지고 있다. 겨울 휴면기에는 물을 주지 않고, 실내의 햇빛이 잘 들어오는 장소에서 관리한다. 실외에서 재배하던 대형종도 가을에는 실내나 온실 안으로 이동시켜야 한다. 5도 이하로 내려가면 상태가 나빠지고 시들어버리는 경우도 있다.

여름에는 바람이 잘 통하게 해주는 것이 중요하다. 잎꽂이, 눈꽂이로 간단히 번식시킬 수 있다. 잎 꽂이한 후에는 그늘에서 관리한다. 해가 짧아지면 꽃눈을 만드는 단일식물이다.

▍불사조금(不死鳥錦)
Kalanchoe daigremontiana f.variegata

잎에 검보라색 무늬가 있는 품종이다. 잎 가장자리에 작고 빨간 자엽이 생기는 강건종으로 새배와 번식이 간단하다. 일조가 부족하면 빨간색이 잘 발현되지 않으므로 주의가 필요하다.

▍복토이(福兎耳)
Kalanchoe eriophylla

잎과 줄기가 짧고, 하얀 털로 덮여있다. 그다지 높이 자라지 않고, 어린 포기가 나와서 군생하는 타입이다. 꽃은 핑크색이다. 겨울에 5도 이하로 내려가지 않도록 주의한다. 별명은 '백설공주'이다.

파리나세아 (무늬종)
Kalanchoe farinacea f.variegata

달걀 모양의 잎이 대생하는 품종으로 잎에 흰 무늬가 있다. 꽃
은 위로 향한 종 모양으로 빨간색이다. 지나치게 길게 자라면
잘라서 모양을 다듬어준다.

가스토니스
Kalanchoe gastonis

무늬가 들어간 잎이 아름다운 칼랑코에이다. 흔히 볼 수 있는
'천손초'와 같이 잎 가장자리에 부정아가 나와서 번식한다.

후밀리스
Kalanchoe humilis

무늬가 아름다운 소형의 칼랑코에이다. 줄기는 짧고 옆으로 퍼
지면서 군생한다. 폭은 5cm 정도이다.

주련 (朱蓮)
Kalanchoe longiflora var. *coccinea*

붉은빛을 띤 잎이 특징적인 칼랑코에이다. 생장하면 줄기가 서
서 분지한다. 일조가 부족하면 잎이 녹색이 되므로 주의한다.

백희무(白姬の舞)
Kalanchoe marnieriana

직선으로 자라는 줄기에 동그란 잎이 호생으로 나오고, 잎 테두리가 밝은 빨간색이다. 눈꽂이로 간단히 번식시킬 수 있다.

밀로티
Kalanchoe millotii

마다가스카르 원산. 짧고 가는 털로 덮인 밝은 녹색 잎을 가지고 있다. 잎 주위에 미세한 거치가 있는 것이 특징으로 비교적 일반적인 소형 칼랑코에이다.

선인무(仙人の舞)
Kalanchoe orgyalis

달걀 모양의 갈색 잎이 특징으로 잎 표면은 벨벳같이 미세한 털로 덮여있다. 생장은 느리지만 오랫동안 재배하면 줄기가 목질화되어 작은 나무처럼 된다. 꽃은 노란색이다.

백은무(白銀の舞)
Kalanchoe pumila

흰 가루를 뿌린 듯한 아름다운 은색 잎이 매력적이다. 잎 테두리에 거치가 있다. 따뜻한 지역에서는 실외에서 월동이 가능하다. 한여름에는 차광해 준다.

선작(扇雀)
Kalanchoe rhombopilosa

마다가스카르 원산의 소형종으로 높이는 15cm 정도이다. 끝에 물결 모양이 있는 은색 잎에는 갈색 무늬가 있다. 봄에는 노란색 꽃이 핀다.

당인금(唐印錦)
Kalanchoe thyrsiflora f.*variegata*

흰 가루를 뿌린 듯한 잎이 아름다운 '당인'의 무늬종으로, 녹색, 노란색, 빨간색의 조화가 아름답다. 겨울에는 0도 이상을 유지해 준다.

월토이(月兎耳)
Kalanchoe tomentosa

가늘고 긴 잎에 벨벳 같은 털이 빽빽이 나 있어서 토끼 귀 같다. 잎 가장자리의 검은 반점 무늬도 특징적이다. 한여름에는 반그늘에서 재배한다.

흑토이(黑兎耳)
Kalanchoe tomentosa f.*nigromarginatus* 'Kurotoji'

최근에 마다가스카르에서 새로운 타입의 토멘토사가 도입되어 새로운 교배종이 많이 만들어졌다. 이 종도 그 중 한 가지이다. 폭은 30cm 정도이다.

오로스타키스
Orostachys

DATA

과 명	돌나물과
원 산 지	일본, 중국 등
생 육 형	여름형
관 수	봄~가을은 주 1회, 겨울은 월 1회
뿌리 굵기	가는 뿌리 타입
난 이 도	★★☆☆☆

세덤 속 식물과 근연(近緣)인 다육식물이다. 일본, 중국, 러시아, 몽골, 카자흐스탄 등 동아시아가 원산지로 15종 정도의 원종이 알려져 있다. 교배 등에 의한 원예품종도 많이 만들어졌다. 산야초로 취급되는 경우도 있다.

귀엽고 작은 로제트형의 잎이 매력적이다. 특히, 예로부터 일본에서 만들어진 바위솔의 무늬종인 '부사', '봉황', '금성' 등이 아름답고 인기가 많다. 늦가을에 로제트 중앙이 높게 자라서 꽃이 많이 핀다.

꽃이 지면 그 포기는 시들게 된다.

생육형은 여름형으로 봄~가을까지 자라지만, 여름에는 반그늘에서 바람이 잘 통하게 하여 서늘하게 해 주는 것이 중요하다. 추위에 강한 종류가 많고 겨울에도 실외에서 재배가 가능하다.

번식력은 왕성하고 러너가 나와서 그 끝에 어린 포기가 생기는 것도 있어서 그것을 분리해서 심으면 간단히 번식시킬 수 있다. 군생주로 만드는 것도 용이하다.

자지련화(子持蓮華)
Orostachys boehmeri

일본 홋카이도나 아오모리에서 자생하는 오로스타키스로 작은 로제트에서 러너가 나오고 그 끝에 어린 포기가 생긴다. 로제트 중심에서 꽃대가 나와서 흰 꽃이 핀다.

자지련화금(子持蓮華錦)
Orostachys boehmeri f.variegata

노란 복륜 무늬가 있는 아름다운 '자지련화'이다. 겨울에는 움츠리고 있지만, 봄에는 사진과 같이 펼쳐져 있다. 폭은 2cm 정도이다.

조련화금 (爪蓮華錦)
Orostachys japonica f.variegata

한국, 중국, 일본에 자생하는 바위솔(조련화)의 노란 무늬종이
다. 사진 속 묘목은 여름 모습으로, 가을부터는 중심의 작은
잎을 남기고 나머지 부분은 시들게 된다. 폭은 4cm 정도이다.

부사 (富士)
Orostachys malacophylla var. *iwarenge* 'Fuji'

암련화(*O. mallacophylla var. iwarenge*)의 흰색 복륜 무늬
품종이다. 한여름에는 되도록 시원한 장소에서 관리한다. 꽃이
피면 그 식물은 시들게 되므로 가까이 있는 월동 눈을 키워야
한다. 폭은 6cm 정도이다.

봉황 (鳳凰)
Orostachys malacophylla var. *iwarenge* 'Houou'

암련화(*O. mallacophylla var. iwarenge*)에 노란색 무늬가
중앙에 있는 품종이다. 노란색 무늬는 약간 옅지만 아름다운
모습을 하고 있다. 재배 방법 등은 '부사'와 같다.

금성 (金星)
Orostachys malacophylla var. *iwarenge* f.variegata

암련화(*O. mallacophylla var. iwarenge*)의 노란색 복륜 무
늬종이다. 약간 소형으로, 폭은 5cm 정도이다. 재배 방법 등은
'부사'와 같다.

파키피툼
Pachyphytum

DATA

과 명	돌나물과
원 산 지	멕시코
생 육 형	여름형
관 수	봄~가을은 2주에 1회, 겨울은 월 1회
뿌리 굵기	가는 뿌리 타입
난 이 도	★☆☆☆☆

　연한 색과 통통한 잎을 가진 인기 있는 품종이다. 여름형이지만 한여름에는 성장을 거의 하지 않기 때문에, 물을 가끔 주어야 하고 반그늘에서 관리한다. 흰 가루를 뿌린 것 같은 종류는 물을 줄 때 잎에 물이 닿지 않도록 주의한다. 분갈이는 봄이나 가을에 하는 것이 좋다. 뿌리를 잘 내리기 때문에 1~2년에 한 번씩 분갈이해 준다. 번식은 잎꽂이나 눈꽂이로 한다.

천대전송 (千代田松)
Pachyphytum compactum

짧은 줄기에 통통한 잎이 빽빽하게 나 있다. 각각의 잎은 길이 1cm 정도이다. 로제트 지름은 2.5cm 정도로 가지를 잘 뻗어서 군생한다. 꽃은 빨간색이다.

성미인금 (星美人錦)
Pachyphytum oviferum f.variegata

'성미인'에는 무늬가 잘 생기지 않지만, 사진 속 포기는 멋진 반엽이 생겼다. 생장하면 키가 커지고, 기부에서 어린 포기가 나와서 군생한다. 사진 속 식물은 폭 5cm 정도이다.

비리데
Pachyphytum viride

짧은 줄기에 곤봉 모양의 둥글고 긴 잎이 방사상으로 나온다. 각각의 잎의 길이는 10cm 정도이다. 파키피툼속 중에서 가장 아름다운 꽃이 핀다.

웨르데르만니
Pachyphytum werdermannii

흰 가루가 덮인 회색 잎이 짧은 줄기 끝에 나 있다. 잎 하나의 길이는 4cm 정도이다.

킴나키
Pachyphytum 'Kimnachii'

메이론 킴나키가 명명한 품종이다. 잎은 비리데 등과 같은 곤봉 모양이 아니고 평평하다. 잎 하나의 길이는 8cm 정도이다.

로술라리아
Rosularia

DATA

과　　명	돌나물과
원 산 지	북아프리카 ~ 아시아 내륙부
생 육 형	겨울형
관　　수	가을~봄은 주 1회, 여름은 월 1회
뿌리 굵기	가는 뿌리 타입
난 이 도	★★☆☆☆

북아프리카~아시아 내륙부에 걸쳐서 40종 정도가 자생하는 소형 식물로 번식력이 강하고 군생한다. 생장형은 겨울형이다. 튼튼한 그룹이지만 한여름 더위에 약하므로, 그늘에 두고 물은 가끔만 주고 서늘하게 해준다. 셈페르비붐과 비슷한 종류로 재배 시 주의점도 거의 같다.

플라티필라
Rosularia platyphylla

히말라야 지방 원산으로 잎에 짧은 털이 많이 있다. 햇빛을 받으면 빨갛게 된다. 사진은 생장기 모습이지만 여름에 건조하면 잎이 닫혀서 동그랗게 말린다. 각각의 포기는 폭 5cm 정도이다.

세덤
Sedum

DATA

과 명	돌나물과
원 산 지	남아프리카
생 육 형	여름형
관 수	봄·가을은 주 1회, 여름은 2주에 1회, 겨울은 월 1회
뿌리 굵기	가는 뿌리 타입
난 이 도	★☆☆☆☆

전 세계 600종 정도가 분포하는 커다란 속으로 대부분이 다육질의 잎을 가지고 있다. 내한성, 내서성이 좋은 종류가 많고, 재배도 매우 쉬운 인기 있는 다육식물로, 종류에 따라서는 옥상녹화에 이용되는 경우가 있을 정도로 튼튼하다.

품종은 매우 풍부하여 로제트형으로 자라는 타입, 통통한 잎이 특징적인 품종, 잎이 작고 군생하는 것 등 다양해서 모아심기의 소재로 적당하다.

기본적으로는 해가 잘 드는 곳을 좋아하지만, 한여름의 직사광선은 싫어하므로 밝고 시원한 그늘에서 관리하는 것이 좋다. 대부분은 내한성이 우수해서 0도 가까이 기온이 떨어져도 월동할 수 있다. 생장기는 봄~가을이지만, 한여름에는 관수를 약간 줄여준다. 특히, 군생하는 경우에는 과습해지기 쉬우므로 주의가 필요하다. 바람이 잘 통하는 곳에서 재배한다. 분갈이는 봄이나 가을이 적당하다. 눈꽂이는 가을에 하는 것이 좋다.

명월(銘月)
Sedum adolphi

윤기가 있는 황록색 잎으로 점점 나무처럼 자라서 분지한다. 가을에 해가 잘 드는 곳에 두면 전체적으로 붉은색이 된다. 비교적 추위에 강하고, 실외에서도 월동이 가능하다.

알란토이데스
Sedum allantoides

흰 가루가 있는 막대기 모양의 잎을 가진 소형 세덤이다. 멕시코 원산으로 크게 자라면 분지해서 나무 모양이 된다.

팔천대(八千代)
Sedum allantoides

줄기가 길게 위로 자라고, 줄기 위쪽에 작은 잎이 많이 난다. 잎은 동그랗고 황록색이다. 잎끝이 약간 빨갛게 물든다.

옥철(玉綴り)
Sedum morganianum

자라면 길게 늘어져서 행잉 바스켓 등의 화분에 심기 좋은 다육식물이다. 사진 속 식물보다도 약간 큰 '대옥철'도 있다. 줄기 하나의 폭은 3cm 정도이다.

희옥철(姫玉綴り)
Sedum burrito

'옥철' 보다 약간 작은 종류로 줄기 하나의 폭은 2cm 정도이다. 생장도 약간 느린 편이다. 잎이 떨어지기 쉬우므로 분갈이 할 때 주의가 필요하다.

희성미인(姫星美人)
Sedum dasyphyllum

일반적으로 보급이 많이 된 다시필룸의 기본종이다. 가장 소형으로, 겨울에는 보라색으로 물든다. 파키피툼의 '성미인'과 닮았는데 소형이라서 이런 이름이 붙었다.

▶세덤

대형희성미인(大型姬星美人)
Sedum dasyphyllum f.burnatii

작고 동그란 잎을 여러 개 가지고 있는 소형 세덤이다. 겨울에
는 보라색으로 물든다. 추위에 강하고 겨울에 실외에서도 월
동이 가능하다. 다시필룸 중에서는 약간 크기가 큰 타입이다.

보주선(宝珠扇)
Sedum dendroideum

독특한 모양의 연두색 잎을 가지고 나무처럼 줄기가 서서 생
장한다. 여름 더위나 높은 습도에도 잘 자라고 관리가 쉬운 품
종이다.

옥련(玉蓮)
Sedum furfuraceum

작은 나무 모양으로 생장하고, 짙은 녹색~짙은 보라색으로
흰 무늬가 있는 둥근 잎을 가지고 있다. 꽃은 흰색이다. 생장은
느리지만 잎꽂이로 번식이 가능하다.

녹구란(緑亀の卵)
Sedum hernandezii

짙은 녹색의 달걀모양 잎이 특징적으로, 잎 표면이 갈라진 것
처럼 거칠거칠한 질감이다. 줄기가 서서 생장하지만, 일조 부
족이나 과잉 관수가 원인으로 웃자라기 쉬우므로 주의한다.

힌토니
Sedum hintonii

잎에 흰털이 많이 나 있고, 꽃대가 20cm 이상 자라는 것이 특징이다. 비슷한 세덤 종류로 모시니아눔(*S. mocinianum*)이 있는데 모시니아눔은 털이 더 짧고 꽃대도 그렇게 길진 않다.

미크로스타키움
Sedum microstachyum

지중해 키브로스섬 원산의 고산성 세덤이다. 영하 15도에서도 견딜 수 있다고는 하지만, 겨울에 잎이 약간 상하는 것이 관찰된다. 폭은 5cm 정도이다.

을녀심(乙女心)
Sedum pachyphyllum

생장기는 여름이다. 일조가 부족하면 빨간색의 발색이 나빠진다. 비료를 주지 않고 물은 적게 주는 것이 발색에 좋다.

홍옥(虹の玉)
Sedum rubrotinctum

둥근 잎을 많이 가지고 있다. 일반적으로 생장기인 여름에는 녹색이 강하고 가을~겨울에는 전체가 빨간색으로 물든다. 큰 포기로 성장하면 봄에 꽃대가 나와서 노란색 꽃이 핀다.

오로라
Sedum rubrotinctum cv.

'홍옥'의 무늬종으로 녹색이 연하고, 봄과 가을의 건조기에는
더욱 빨간색이 짙어진다. 크게 자라면 봄에 크림색 꽃이 핀다.

스아베올렌스
Sedum suaveolens

세덤 종류이지만 마치 에케베리아 같은 느낌의 로제트형을 가
진 품종이다. 줄기가 길게 자라지 않고 기부에서 어린 포기가
자란다.

세데베리아
Sedeveria

DATA

과 명	돌나물과
원 산 지	교배속
생 육 형	여름형
관 수	봄~가을은 2주에 1회, 겨울은 월 1회
뿌리 굵기	가는 뿌리 타입
난 이 도	★☆☆☆☆

　　세덤과 에케베리아의 속간 교잡종이다. 잎이 두꺼
운 에케베리아 같은 느낌의 로제트형이 많다. 약간
재배가 어려운 에케베리아에 튼튼한 세덤의 성질을
더해서 에케베리아의 아름다움과 세덤의 튼튼함을
겸비한 키우기 쉬운 종류가 많이 만들어지고 있다.

팡파르
Sedeveria 'Fanfare'

로제트형의 잎을 가지고 줄기가 약간 자라서 서 있다. 햇빛이
부족하면 웃자라므로 햇빛이 잘 드는 곳에서 키우는 것이 중
요하다. 교배 부모는 불명이다.

소프트 라임
Sedeveria 'Soft Rime'

소형 세데베리아로 다 자라면 줄기가 서고, 높이 10cm 정도가 된다. 겨울에는 핑크색으로 물든다. '수빙'이라는 이름도 있다.

이름 없음
Sedeveria 'Soft Rime' × *Sedum morganianum*

'소프트 라임'과 세덤 '옥철'의 교배종이다. 잎 색은 하얗고 잎 끝에 작고 빨간 손톱이 있다. 폭은 3cm 정도이다.

정야철금(靜夜綴り錦)
Sedeveria 'Super Burro's Tail'

'정야철'의 무늬종이다. 해리 버터필드(Harry Butterfield)와 비슷하지만, 사진 속 포기는 약간 크고 줄기도 두껍고 옆으로 잘 쓰러지지 않는 것이 특징이다. 폭은 6cm 정도이다.

옐로우 험비드
Sedeveria 'Yellow Humbert'

길이 1~2cm인 방추형 다육질 잎을 가진 교배종이다. 소형 강건종으로 높이 10~15cm까지 자란다. 봄에 1cm 정도의 선명한 노란색 꽃이 핀다.

셈페르비붐
Sempervivum

DATA

과 명	돌나물과
원 산 지	유럽 중남부의 산지
생 육 형	겨울형
관 수	가을~봄은 주 1회, 여름은 월 1회
뿌리 굵기	가는 뿌리 타입
난 이 도	★★☆☆☆

유럽, 코카서스, 중앙 러시아에 걸쳐 산악지대에 분포하는 로제트 타입의 다육식물로 약 40종이 알려져 있다. 유럽에서는 예로부터 인기가 있어서 이 속만을 모아서 재배하는 애호가도 많다. 교잡이 쉬워서 다양한 원예품종이 유통되며, 소형종부터 대형종까지 색채와 모양 등 다양성이 풍부하다. 산야초로 유통되는 경우도 많다.

일본에서는 겨울형으로 취급된다. 기온이 낮은 산지에 자생하고 있으므로 추위에는 강하고 한랭지에서도 일 년 내내 실외에서 재배가 가능하다. 가을에서 봄까지는 햇빛이 잘 들고 바람이 통하는 장소에서 관리하는 것이 좋다. 반면 더위에는 약하므로 여름에는 서늘한 그늘로 이동시켜 관수 횟수를 줄여서 휴면시킨다.

분갈이 시기는 이른 봄. 러너로 계속 번식하기 때문에 지름이 큰 화분으로 갈아주는 것이 좋다. 어린 포기를 분리하여 심으면 간단히 번식시킬 수 있다.

권견(卷絹)
Sempervivum arachnoideum

셈페르비붐의 대표적인 품종이다. 생장하면 잎끝에서 흰 실이 나와서 전체를 덮는다. 내한성은 물론이고 내서성도 있어서 기르기 쉽다. 초보자도 잘 키울 수 있다.

옥광(玉光)
Sempervivum arenarium

동알프스 원산의 소형종이다. 깊은 붉은색과 황록색의 대비가 특징적으로 표면에 실이 덮여있다. 특히 군생주는 여름에 바람이 잘 통하는 곳에 두어야 한다.

영(栄)
Sempervivum calcareum 'Monstrosum'

원통 모양 잎이 방사상으로 나오는 특이한 타입의 셈페르비붐
이다. 개체에 따라서 잎의 빨간색이 많은 것과 적은 것이 있다.

백혜(百惠)
Sempervivum ossetiense 'Odeity'

원통 모양의 가늘고 긴 잎이 특징인 셈페르비붐으로 잎 상부
에 구멍이 있다. 기부 부근에서 작은 어린 포기가 나온다.

스트레이커(무늬종)
Sempervivum sp. f.variegate

동양적인 아름다움이 느껴지는 일본산 셈페르비붐이다. 잎 표
면에 흰 무늬가 있는 타입이다.

테토룸 알루붐
Sempervivum tectorum var. *alubum*

지역적 변이가 많고 다양한 개량품종도 있는 텍토룸 중 한가
지이다. 맑은 연두색 잎 끝에 진한 빨간색이 아름답다.

능춘(綾椿)
Sempervivum 'Ayatsubaki'

작은 잎이 촘촘히 있는 소형의 셈페르비붐이다. 녹색 잎끝이 빨갛게 물들어서 아름답다. 생장하면 기부에서 어린 포기가 나와서 군생한다.

홍련화(紅蓮華)
Sempervivum 'Benirenge'

잎끝 테두리의 빨간색이 강한 타입이다. 번식력이 왕성하여 어린 포기가 잘 생기고 재배하기 쉬운 품종이다.

홍석월(紅夕月)
Sempervivum 'Commancler'

붉은빛이 나는 구리색 잎이 특징인 아름다운 품종으로, 특히 겨울에 잎 색이 선명해진다. 로제트 하나의 지름은 5cm 정도이고, 어린 포기가 나와서 군생한다. 비교적 더위에도 강하고 튼튼하다.

가젤
Sempervivum 'Gazelle'

선명한 녹색과 빨간색이 어우러진 잎을 로제트형으로 전개하고, 전체가 흰색 실로 덮여있다. 고온 다습한 것을 싫어한다. 특히, 군생주는 여름에 시원하게 해 주어야 한다.

가젤(철화)
Sempervivum 'Gazelle' f.*cristata*

'가젤'의 씨앗으로 육종된 철화품종이다. 생장점이 변이해서 옆
으로 퍼진 형태로, 빨간색과 녹색의 잎이 아름답고 멋지다. 관
리는 보통의 '가젤'과 같다.

그라나다
Sempervivum 'Granada'

미국에서 만들어진 셈페르비붐이다. 짧고 가는 털을 가진 잎
전체가 시크한 보라색으로 물들어서 마치 장미꽃 같은 분위기
가 난다.

쟌다르크
Sempervivum 'Jeanne d'Arc'

녹갈색 잎을 가진 중형종으로 가을~겨울이 되면 중앙에서부
터 와인레드색으로 물든다. 차분하고 멋진 잎 색은 앤티크 테
라코타 화분 등과 잘 어울린다.

쥬필리
Sempervivum 'Jyupilii'

작은 잎이 촘촘한 개량종이다. 기부에서 러너가 나와서 어린
포기가 많이 생기는 타입이다.

▌ 대홍권견(大紅卷絹)
▌ *Sempervivum* 'Ohbenimakiginu'

약간 대형 셈페르비붐으로 잎끝에 하얀색 털이 나 있는 것이
특징이다. 여름에는 직사광선을 피하고 바람이 잘 통하는 밝
은 그늘에서 서늘하게 재배해야 한다.

▌ 라즈베리 아이스
▌ *Sempervivum* 'Raspberry Ice'

중형 셈페르비붐으로 잎에는 미세한 털이 촘촘히 나 있다. 여
름에는 녹색이지만 가을~겨울에는 진한 자홍색으로 물든다.

▌ 레트치프
▌ *Sempervivum* 'Redchief'

자흑색의 잎이 촘촘히 나 있고, 중앙에 선명한 녹색이 있는 셈
페르비붐이다. 암석정원의 포인트로 사용되는 경우가 많다.

▌ 여인배(麗人盃)
▌ *Sempervivum* 'Reijinhai'

소형의 로제트가 빽빽하게 군생하는 원예품종이다. 잎끝을 물
들인 색채가 선명한 타입이다.

실버 터
Sempervivum 'Silver Thaw'

동그란 모양의 로제트가 특징으로 소형 개체가 줄지어 있는
모습이 귀여운 셈페르비붐이다. 지름은 3cm 정도이다.

스프라이트
Sempervivum 'Sprite'

밝은 초록색 잎을 가는 털이 덮고 있는 개량품종이다. 러너에
서 어린 포기가 계속 발생하여 군생한다.

시노크라술라
Sinocrassula

DATA

과 명	돌나물과
원 산 지	중국
생 육 형	여름형
관 수	봄·가을은 주 1회, 여름·겨울은 월 1회
뿌리 굵기	가는 뿌리 타입
난 이 도	★★☆☆☆

　중국의 운남성～히말라야 지방에 5～6종이 알려
진 세덤속과 근연인 다육식물이나, '사마로'가 익숙
하지만 그 외에도 '입전봉', '절학' 등이 있어서 오렌
지색이나 보라색의 잎도 있다. 튼튼한 다육식물로
더위나 추위에도 순응하며 건강하게 자란다.

사마로(四馬路)
Sinocrassula yunnanensis

중국 원산으로 길이 1cm 정도의 검은 빛을 띠고 가는 잎이 방
사상으로 나오는 독특한 모습이다. 겨울형이지만 더위에도 강
해서 여름에도 온실에서 견딜 수 있다. 잎꽂이로 번식한다.

── PART5 ──

유포르비아

유포르비아 속의 식물은 열대~온대에 걸쳐 2,000여 종이 알려져 있다.
다육식물로 재배하고 있는 것은 400~500종 정도로 주로 아프리카 원
산이다. 대부분은 줄기가 비대해져 선인장 같은 모습을 하고 있지만, 유
전적으로 선인장과 가까운 관계는 아니다.

유포르비아
Euphorbia

DATA

과 명	대극과
원 산 지	아프리카, 마다가스카르
생 육 형	여름형
관 수	봄~가을은 2주에 1회, 겨울은 월 1회
뿌리 굵기	가는 뿌리 타입
난 이 도	★☆☆☆☆

열대~온대에 걸쳐 2,000종 정도가 알려진 속으로 우리나라에서 자생하는 등대풀이나, 크리스마스 장식으로 쓰이는 포인세티아도 유포르비아 속이다.

다육식물로 재배되는 것은 아프리카 등지에 자생하는 종류를 중심으로 500종 정도이다. 개성적인 형태가 매력으로 각각의 환경에 따라 진화해 왔다. 구슬 선인장과 비슷한 '오베사'와 '철갑환', 기둥 선인장과 비슷한 '홍채각', 꽃이 아름다운 '꽃기린' 등, 다양한 종류가 있다.

생육 특성은 거의 같고 생장기는 봄~가을인 여름형으로 고온과 강한 햇빛을 좋아한다. 여름에는 실외에서 재배하는 것이 좋다. 추위에 약간 약해서 겨울에는 실내에서 5도 이상을 유지해야 한다. 봄~가을의 생장기에는 토양이 마르면 물을 듬뿍 줘야 한다. 뿌리가 약하므로 분갈이는 꼭 필요할 때만 한다. 눈꽃이로 번식시킬 수 있다. 잘린 곳에서 유액이 나오는데 손으로 만지면 간지러워지거나 염증을 유발할 수 있으므로 주의가 필요하다.

▌아에루기노사
Euphorbia aeruginosa

남아프리카 트란스발 원산으로 청자색 줄기에 붉은 가시가 특징이다. 햇빛이 잘 드는 곳에서 재배하면 가지가 촘촘히 나서 좋은 개체를 만들 수 있다. 꽃은 작고 노란색이다.

▌철갑환(鉄甲丸)
Euphorbia bupleurfolia

파인애플 모양의 품종이다. 기둥의 요철은 잎이 떨어지면서 생긴다. 유포르비아 중에서는 특히 물을 매우 좋아하는 종류이다.

클라비게라
Euphorbia clavigera

아프리카 남동부 모잠비크 원산이다. 줄기에 있는 둥근 반점 무늬가 아름답다. 기부에서 두꺼운 뿌리가 발달하여 괴근 형태가 된다.

킬린드리폴리아
Euphorbia cylindrifolia

괴근성인 꽃기린 종류로 마다가스카르 원산이다. 옆으로 기어가며 자라는 줄기에 작은 잎이 나고, 눈에 잘 띄지 않는 갈색 빛 도는 핑크색의 작은 꽃이 핀다.

데카리
Euphorbia decaryi

마다가스카르 원산이다. 괴근을 가진 소형 꽃기린 종류이다. 잎이 쭈글쭈글한 것이 특징으로 재배는 비교적 용이하다. 포기 나누기로 번식시킬 수 있다.

봉래도 (蓬莱島)
Euphorbia decidua

아프리카 남서부 앙골라 원산이다. 둥근 모양의 괴근을 가지고, 생장점에서 가느다란 가지를 사방으로 뻗는다. 가시는 3mm 정도로 소형이다.

홍채각(紅彩閣)
Euphorbia enopla

기둥 선인장 같은 모습으로 뾰족한 가시를 가지고 있다. 햇빛이 잘 드는 곳에서 재배하면 가시의 빨간색이 돋보여서 아름답다. 튼튼하고 키우기 쉬워서 초보자에게 좋다.

공작환(孔雀丸)
Euphorbia flanaganii

남아프리카 케이프 원산이다. 중앙에 있는 괴경 모양의 줄기에서 방사상으로 측지가 나온다. 측지에서 작은 잎이 나오지만 바로 떨어진다. 작고 노란 꽃이 핀다.

금륜제(金輪際)
Euphorbia gorgonis

남아프리카 동케이프 원산이다. 두꺼운 줄기는 구형으로 자라고, 가지처럼 뻗은 줄기 끝에 작은 잎이 난다. 추위에 매우 강한 종류이다.

그린웨이
Euphorbia greenwayii

아프리카 동남부 탄자니아 원산이다. 몇 가지 타입이 있지만 사진 속 식물은 그중에서도 아름다운 타입이다. 꽃은 가늘고 빨간색을 띤다. 사진 속 식물은 높이 25cm 정도이다.

그로에네왈디
Euphorbia groenewaldii

남아프리카 트란스발 원산의 유포르비아로 기부는 두꺼운 괴
근 모양이 되어 방사상으로 가지를 뻗는다. 가지에는 가시가
있다.

짐노칼리시오이데스 (무늬종)
Euphorbia gymnocalycioides f.variegata

에티오피아 원산이다. 선인장의 짐노칼리시움과 비슷해서 이
름이 붙여졌다. 사진 속 식물은 노란색 무늬가 있는 희귀종으
로, 트리고나(*E. trigona*)에 접목한 것이다.

호리다
Euphorbia horrida

남아프리카 남부의 건조한 자갈 토양에서 자생하는 종으로 많
은 품종이 있다. 사진 속 식물은 특히 흰색이 돋보이는 개체로,
소형이면서 흰색이라 인기가 좋다. 여름에는 작은 보라색 꽃이
핀다.

호리다 (몬스트)
Euphorbia horrida f.monstrosa

호리다의 몬스트(석화 품종)이다. 석화는 생장점이 여러 개 생
겨서 혹 같은 것이 많이 생기는 것으로 철화와는 다른 것이다.

화이트 고스트
Euphorbia lactea 'White Ghost'

락테아의 백화 품종이다. 예쁜 핑크색 새눈은 결국에는 하얗게
된다. 높이는 1m 정도까지 자란다. 튼튼하며, 겨울에는 3~5도
이상인 실내에 두면 잘 자란다.

레우코덴드론
Euphorbia leucodendron

아프리카 남부~동부, 마다가스카르 원산의 유포르비아이다.
줄기는 가는 둥근 기둥 모양으로 가시가 없고 분지하면서 길
게 자란다. 봄에 가지 끝에 작은 꽃이 핀다.

레우코덴드론 (철화종)
Euphorbia leucodendron f.*cristata*

레우코덴드론의 철화종이다. 때때로 본래의 모습으로 되돌아
간 가늘고 긴 가지가 나오는데, 그런 가지는 잘라내며 철화된
부분을 키운다. 사진 속 식물은 폭 10cm 정도이다.

백화기린 (白樺麒麟)
Euphorbia mammillaris f.*variegata*

남아프리카 원산의 마밀라리스이다. 색소가 빠져서 하얗게 된
것으로 가을~겨울에 걸쳐 연한 보라색으로 물든다. 겨울에는
실내에서 재배한다.

다보탑(多宝塔)
Euphorbia melanohydrata

남아프리카 원산의 희소종으로 사진 속 식물은 높이 10cm 정도이다. 생육이 매우 느려서 40년 전과 거의 똑같은 모습이라고 한다. 겨울에는 관수를 거의 하지 않는다.

노룡두(怒竜頭)
Euphorbia micracantha

남아프리카 동케이프 원산이다. 다육질의 줄기와 가시가 매력적이다. 괴근성으로 사진 속 개체는 아직 그다지 크게 자라지 않았지만, 괴근은 두께 10cm, 길이 40cm 정도로 자란다.

꽃기린
Euphorbia milii

마다가스카르 원산의 그다지 다육화가 진행되지 않은 유포르비아로, 꽃이 아름답고 꽃 색도 다양해서 분화로서 많이 유통되고 있다. 생장하면 높이 50cm 정도가 된다.

오베사
Euphorbia obesa

동그란 구슬 선인장과 유사한 형태를 가지고 있다. 구형에 아름다운 가로 선 무늬가 있다. 세로로 있는 능 위에 작은 어린 포기가 생기는데, 이것을 떼서 번식시킬 수 있다.

파키포디오이데스
Euphorbia pachypodioides

마다가스카르 원산의 희소종이다. 두꺼운 줄기가 직립하고 끝에 약간 커다란 잎이 난다. 줄기에는 가는 가시가 있다. 사진 속 식물은 높이 20cm 정도이다.

페르시스텐스
Euphorbia persistens

아프리카 동남부 모잠비크 원산이다. 지하에 굵은 줄기가 있고, 지상에 많은 가지가 나온다. 녹색 가지에 짙은 녹색 무늬가 있다. 사진 속 식물은 높이 15cm 정도이다.

포이소니
Euphorbia poisonii

나이지리아 원산이다. 두꺼운 줄기 끝에 선명한 녹색의 다육질 잎이 난다. 옆에서 어린 포기가 나오지만 떼어낼 때 수액이 손에 닿지 않도록 주의한다. 높이는 30cm 정도이다.

프세우도칵투스 리토니아나
Euphorbia pseudocactus 'Lyttoniana'

남아프리카 원산이다. 기둥 선인장 같은 모습으로 줄기에는 가시가 거의 없고 가지가 많이 나온다. 적당히 가지를 전정하며 좋은 수형을 유지시킨다. 높이는 25cm 정도이다.

세해 (笹蟹)
Euphorbia pulvinata

기부에서 두꺼운 가지가 여러 개 나와서 군생하고 잎이 많이
있다. 잎은 오랜 기간 동안 낙엽 하지 않는다. 교배종으로 알려
졌지만, 상세한 것은 명확하지 않다. 사진 속 식물은 높이
20cm 정도이다.

콰르트지콜라
Euphorbia quartzicola

마다가스카르 원산이다. 1년에 5mm 정도밖에 자라지 않는다.
가을에는 잎이 떨어진다. 사진 속 식물은 높이 8cm 정도이다.
햇빛이 잘 드는 장소에서 재배하고, 겨울에는 물을 가끔만 준
다.

루고시플로라
Euphorbia rugosiflora

짐바브웨 사막 지대에 분포하는 가는 기둥 모양의 유포르비아
이다. 줄기에는 가시가 많고 기부 쪽에서 분지해서 군생한다.

누우각 (鬪牛角)
Euphorbia shoenlandii

남아프리카 원산으로 두꺼운 가시가 특징이다. 비슷한 종류로
는 '환희천(E. fasciculata)'이 있지만, 이 종이 가시가 더욱 강
하고 기둥이 더 두껍다.

기괴도(奇怪島)
Euphorbia squarrosa

남아프리카 동케이프 원산이다. 순무 모양의 괴근이 있고 꼭대기에서 꼬여있는 가지가 방사상으로 나온다. 작은 노란색 꽃이 핀다. 사진 속 식물은 폭 20cm 정도이다.

비롱(飛竜)
Euphorbia stellata

남아프리카 동케이프 원산이다. 줄기가 비대해지고 끝에서 두꺼운 가지가 뻗어 나온다. 뿌리도 두껍고 길게 자란다. 겨울에는 따뜻한 장소에서 물을 매우 적게 준다.

스테노클라다
Euphorbia stenoclada

마다가스카르 원산이다. 1m 이상으로 자라는 대형종으로 몸통이 가시로 덮여있다. 사진 속 식물은 높이 40cm 정도로, 가끔 가지를 잘라주면 이런 모습이 된다.

유리황(瑠璃晃)
Euphorbia suzannae

남아프리카 케이프 원산의 돌기가 많은 구형 유포르비아이다. 햇빛을 좋아하고, 일조가 부족하면 도장하여 둥근 형태를 유지할 수 없게 되므로 주의가 필요하다.

심메트리카
Euphorbia symmetrica

남아프리카 원산이다. 오베사(p.215)와 비슷하지만 오베사가 높고 길게 자라는 것에 비해 이 종은 둥근 모양인 채로 크게 자란다. 사진 속 식물은 어린 포기가 많이 생기는 타입으로 폭 10cm 정도이다.

밀크부쉬 · 청산호(青珊瑚)
Euphorbia tirucalli

아프리카 서남부 원산이다. 밀크부쉬라는 이름은 상처가 나면 하얀색 수액이 나오는 것에서 붙여졌다. 생장기에는 가지 끝에 작은 잎이 나지만 바로 떨어진다.

변재천(弁財天)
Euphorbia venenata

예로부터 도입된 나미비아 원산의 유포르비아이다. 능이 있는 줄기가 길게 자라서 가시가 많이 생긴다. 자생지에서는 높이 3m 가까이 자란다고 한다.

아미산(峨眉山)
Euphorbia 'Gabizan'

일본에서 만든 교배종이다. 햇빛이 잘 들고 통풍이 잘되는 장소를 좋아하지만, 한여름의 직사광선에 잎이 타기 쉽다. 추위에는 약하므로 겨울에는 실내에서 관리한다.

PART 6

기타 다육식물

Part1~5에 해당하지 않는 다육식물을 여기에서 소개한다. 1억 년 전부터 형태가 그대로인 소철류나 웰위치아. 생장기에는 가지를 뻗고 잎이 나지만 휴면기에는 낙엽 하는 코덱스(caudex 괴경식물) 종류. 초록색 보석 같은 세네시오 등 종류와 형태도 다양해서 개성적인 것이 많다.

시카스
Cycas

DATA

과　　명	소철과
원 산 지	아시아, 오스트렐리아, 아프리카
생 육 형	여름형
관　　수	봄·가을은 주 1회, 여름은 주 2회, 겨울은 2주에 1회
뿌리 꿈기	가는 뿌리 타입
난 이 도	★★☆☆☆

아시아, 오스트렐리아, 아프리카 등에 약 20종이 알려진 겉씨식물로, 일본 규슈 남부에 소철이 자생하고 각지에 식재되어 있다. 줄기는 다육질로 가끔 분지하고, 큰 것은 높이 15m까지 자란다. 줄기 끝에는 고사리 같은 우상복엽이 여러 개 난다. 자웅이주이다.

소철
Cycas revoluta

일본 원산이다. 규슈 남부나 오키나와에 자생한다. 두꺼운 줄기 끝에 잎이 여러 개 나고 높이는 몇 미터까지 자란다. 일본 도쿄를 중심으로 서쪽에서는 정원 등에도 식재되어 있다.

엔케팔라르토스
Encephalartos

DATA

과　　명	소철과
원 산 지	아프리카
생 육 형	여름형
관　　수	봄·가을은 주 1회, 여름은 주 2회, 겨울은 2주에 1회
뿌리 꿈기	가는 뿌리 타입
난 이 도	★★☆☆☆

아프리카 남부에 30종 정도가 알려져 있고 멕시코소철(Zamia)과로 분류되기도 한다. 높이는 수십 센티미터에서 수 미터까지이며, 지하에 괴경이 있고 지상에는 잎만 나와 있는 것도 있다. 잎끝이 예리하게 뾰족한 것이 많다. 겨울에 최저 5도 이상은 유지해야 한다.

엔케팔라르토스 호리더스
Encephalartos horridus

남아프리카 원산의 소철 종류로, 잎이 청백색의 고운 가루로 덮여있는 아름다운 종이다. 소엽 끝이 뾰족한 것이 특징으로, 크게 자라면 소엽이 2~3개로 갈라진다.

자미아
Zamia

DATA

과 명	멕시코소철과
원 산 지	북미~중미
생 육 형	여름형
관 수	봄·가을은 주 1회, 여름은 주 2회, 겨울은 2주에 1회
뿌리 굵기	가는 뿌리 타입
난 이 도	★★☆☆☆

아메리카 대륙의 열대~온대 지역에 40종 정도가 알려진 소철 종류로, 예전에는 소철과로 분류되었지만 지금은 멕시코소철과가 되었다. 소철에 비하면 소형이고 생장도 느려서 화분에 심어서 재배하기 좋다. 추위에 약하므로 겨울에는 실내에서 재배한다.

▌멕시코소철
Zamia furfuracea

멕시코원산이다. 괴경이 커지고 꼭대기에 잎이 달린다. 겨울에는 5도 이상이 안전하다. 일본 오키나와 남단에 있는 이시가키시마에는 거대한 묘목이 노지에서 자라고 있다.

웰위치아
Welwitschia

DATA

과 명	웰위치아과
원 산 지	아프리카 남부
생 육 형	봄·가을형
관 수	일 년 내내 건조하지 않게 해 준다
뿌리 굵기	굵은 뿌리 타입
난 이 도	★★★★★

아프리카 나미브 사막에 지생히는 1과 1속 1종의 희귀한 식물이다. 땅속에 깊게 자라는 줄기가 있고 줄기 끝에서 잎이 대생으로 나와 길게 자란다. 생장은 매우 느리고 수명이 길다. 자생지에서는 2,000년 넘게 생존하는 것도 있다고 한다.

▌기상천외(奇想天外)
Welwitschia mirabilis

아프리카의 나미브 사막에 자생하는 1과 1속 1종의 희귀한 식물이다. 줄기와 뿌리는 길게 땅속에서 자라고 줄기 끝에서 2장의 잎이 나와서 길게 자란다. 사진 속 잎은 길이 1m 정도이다.

페페로미아
Peperomia

DATA

과 명	후추과
원 산 지	중남미
생 육 형	겨울형
관 수	봄 · 가을은 주 1회, 여름은 월 1회, 겨울은 2주에 1회
뿌리 굵기	가는 뿌리 타입
난 이 도	★★★☆☆

남미를 중심으로 1,500종 이상이 알려진 커다란 속으로 아프리카에도 몇 가지 종이 있다. 후추과 식물로, '페페로미아'라는 이름의 뜻은 '후추(peper)와 비슷한'이다.

대부분은 숲속의 나무에 착생하고 있는 소형 식물이다. 관엽식물로 이용되는 종류도 있지만, 두껍고 동그란 잎을 가진 종류가 다육식물로 재배되고 있다. 투명한 창을 가진 것, 빨갛게 물드는 것 등이 있고 소형이어서 창가에 장식할 수 있는 귀여운 식물이다.

긴 꽃대가 줄기 끝에서 나오고 꽃이 많이 핀다. 꽃 하나하나는 매우 작고 관상 가치가 없다.

무더위에 약하므로 겨울형으로 취급된다. 여름에는 바람이 잘 통하는 그늘에서 관수 횟수를 줄인다. 봄과 가을은 실외의 햇빛이 잘 드는 곳에서 재배한다. 겨울은 햇빛이 잘 들어오는 실내에서 관리한다. 온도는 5도 이상을 유지해야 한다. 눈꽃이로 번식시킬 수 있다.

▌아스페룰라
Peperomia asperula

페루 원산의 페페로미아로 군생하며 높게 자란다. 니발리스 (p.226)와 비슷하지만, 더 크고 높이 20cm 정도까지 자란다.

▌콜루멜라
Peperomia columella

페루 원산의 매우 작은 페페로미아이다. 줄기가 서고 작은 다육질의 잎이 여러 개 달린 모습이 매우 귀엽다. 사진 속 식물의 높이는 10cm 정도이다.

코오키아나
Peperomia cookiana

하와이 원산의 둥글고 작은 잎을 가진 페페로미아이다. 길게
자라면 자연스럽게 옆으로 쓰러져서 관목처럼 된다.

페레이라에
Peperomia ferreyrae

페루 원산의 약간 대형 나무처럼 서는 모양의 페페로미아이다.
잎이 가늘고 긴 것이 특징으로, 가지가 많이 나오고 높이
30cm 정도까지 자란다.

그라베올렌스
Peperomia graveolens

페루 원산의 페페로미아로 잎 뒷면이나 줄기가 깊은 붉은색으
로 물든다. 가을~봄에 햇빛이 잘 드는 곳에서 키우면 빨간색
이 더욱 아름답게 된다.

인카나
Peperomia incana

브라질 원산의 대형 페페로미아로 줄기도 두껍고 높게 자란다.
잎도 둥글고 크게 자란다. 사진 속 식물은 높이 30cm 정도이
다.

▌ 스트라위
Peperomia strawii

기부에서 줄기가 여러 개 나와서 군생하고, 황록색의 가는 잎이 많이 난다. 사진 속 식물은 높이 10cm 정도이다.

▌ 니발리스
Peperomia nivalis

페루에 자생하는 페페로미아이다. 잎은 두껍고 반투명하며, 만지면 좋은 향기가 난다. 여름에는 반그늘에서 서늘하게 해주고, 겨울에는 5도 이상을 유지해준다.

▌ 테트라고나
Peperomia tetragona

볼리비아, 에콰도르, 페루 등의 안데스 지방 원산으로, 잎에 라인에 들어가는 페페로미아 중에서도 특히 아름다운 종류이다. 잎은 폭 5cm 정도까지 커진다.

▌ 루벨라
Peperomia rubella

열대 아메리카 원산인 작은 잎의 뒷면이 빨갛고 줄기도 빨간 소형 페페로미아이다. 가지가 많이 나와서 카펫 형태로 자란다.

블란다 렙토스타차
Peperomia blanda var. *leptostacha*

아프리카~동남아시아, 폴리네시아에 걸쳐서 널리 분포하고 있다. 빨간 줄기에 2cm 정도의 작은 잎이 붙어있다. 줄기는 부드러워서 자라면 옆으로 쓰러진다.

아나캄프세로스
Anacampseros

DATA

과 명	쇠비름과
원 산 지	남아프리카
생 육 형	봄·가을형
관 수	봄·가을은 주 1회, 여름·겨울은 3주에 1회
뿌리 꿂기	가는 뿌리 타입
난 이 도	★★★☆☆

　쇠비름과의 다육식물로 소형종이 많고 생장이 느리다. 추위와 더위에 약간은 견딜 수 있지만, 여름의 높은 습도를 싫어한다. 특히 여름에는 바람이 잘 통하게 해 주는 것이 중요하다. 한여름과 한겨울 이외에는 흙이 말라 있으면 물을 듬뿍 주면 된다.

루베르시
Anacampseros lubbersii

지름 5mm 정도의 동그란 잎이 포도처럼 달려있다. 여름에는 꽃대가 나와서 핑크색 꽃이 핀다. 자연히 씨앗이 생기고, 때로는 그 씨앗이 떨어져서 자연 발아하기도 한다.

취설송금 (吹雪の松錦)
Anacampseros rufescens f.*variegata*

선명한 핑크색과 노란색의 그러데이션이 아름다운 품종이다. 잎 사이에서 흰 솜 같은 털이 나오는 것이 특징이다. 예전에는 무늬가 희미한 것이 주로 유통되었지만, 최근에는 무늬가 선명한 것이 많이 보인다. 폭은 3cm 정도이다.

포르툴라카리아
Portulacaria

DATA

과 명	쇠비름과
원 산 지	전 세계 열대~온대
생 육 형	여름형
관 수	봄~가을은 주 1회, 겨울은 월 1회
뿌리 굵기	가는 뿌리 타입
난 이 도	★★☆☆☆

반짝이는 작고 둥근 잎이 귀여운 다육식물이다. 생장기는 여름이다. 내서성이 있으므로 봄~가을까지 햇빛이 잘 드는 실외에서 관리한다. 반대로 내한성은 낮으므로 겨울에는 실내에서 관리한다. 봄에 가지를 잘라서 잎꽂이로 번식시킬 수 있다. 분갈이도 봄에 한다.

아락무(雅楽の舞)
Portulacaria afra var. *variegata*

핑크색으로 가장자리를 두른 연한 녹색 잎이 많이 있다. 기온이 내려가는 가을에는 단풍이 들어서 붉은색이 더 많아진다. 생장기는 여름이다. 혹서기에는 차광해 주는 것이 좋다.

세라리아
Ceraria

DATA

과 명	쇠비름과
원 산 지	남아프리카, 나미비아
생 육 형	여름형
관 수	봄~가을은 주 1회, 겨울은 월 1회
뿌리 굵기	가는 뿌리 타입
난 이 도	★★★★☆

남아프리카와 나미비아에 10종 정도가 알려진 낙엽성 또는 반낙엽성의 관목이다. 가늘고 긴 줄기에 작은 다육질 잎이 많이 달린 종류와 커다란 덩이줄기를 가진 종류가 있다. 여름형 생장을 하지만 재배가 어려운 종이 많다.

나마퀜시스
Ceraria namaquensis

남서아프리카 원산이다. 작은 콩 같은 잎이 달린 흰 줄기가 길게 자란다. 재배가 어려운 종류이다. 유포르비아 속에도 나마퀜시스라는 같은 종소명이 있다.

디디에레아
Didierea

알루아우디아
Alluaudia

전부 디디에레아과의 저목(低木)으로 마다가스카르 고유종이다. 디디에레아는 2종이 알려져 있고 여름형으로 고온에서 생장한다. 알루아우디아도 여름형의 강건종으로 6종이 알려져 있다. 모두 나무 모양의 줄기에 긴 가시를 가지고 있고, 가시 기부에서 매년 새로운 잎이 나온다.

▎디디에레아 마다가스카리엔시스
▎*Didierea madagascariensis*

은회색의 줄기에 녹색의 가늘고 긴 잎과 흰 가시가 있는 보기 드문 종류이다. 자생지에서는 줄기의 지름이 40cm, 높이가 6m 까지 자란다. 사진 속 식물은 높이 30cm 정도이다.

▎알루아우디아 몬타그나키
▎*Alluaudia montagnacii*

두꺼운 줄기에 둥근 잎과 긴 가시가 촘촘히 나 있다. 잎은 줄기에서 직접 나와 옆으로 나란히 뻗어 있는 것이 특징이다. 같은 속의 아스센덴스와 비슷하지만 가시와 잎이 더욱 촘촘하게 나 있다.

▎알루아우디아 아스센덴스
▎*Alluaudia ascendens*

몬타그나키와 비교하면 가시가 짧고 잎이 하트 모양이다. 원산지에서는 큰 나무가 되어 건축 자재로도 쓰인다. 겨울에도 낙엽 하지 않는다. 사진 속 식물은 높이 30cm 정도이다.

아데니움
Adenium

DATA

과　　명	협죽도과
원 산 지	아라비아반도~아프리카
생 육 형	여름형
관　　수	봄~가을은 주 1회, 겨울은 단수
뿌리 굵기	가는 뿌리 타입
난 이 도	★★☆☆☆

　　아라비아반도, 동아프리카, 나미비아 등에 15종 정도가 알려진 대형 괴경 식물이다. 기부가 비대하고 아름다운 꽃이 피어서 꽃나무로도 친숙하다. 열대성으로 추위에는 약하므로 겨울에는 단수하고 10도 이상을 유지해야 한다.

사막의 장미
Adenium obesum var. *multiflorum*

나미비아, 아프리카 동부, 아라비아반도 등이 원산으로 줄기 기부가 비대하다. 겨울에 8도 이하가 되면 낙엽 하지만, 5도 이상이면 월동할 수 있다. 사진은 약간 소형인 변종이다.

세로페기아
Ceropegia

DATA

과　　명	협죽도과
원 산 지	남아프리카, 열대 아시아
생 육 형	봄 · 가을형
관　　수	봄 · 가을은 주 1회, 여름 · 겨울은 3주에 1회
뿌리 굵기	괴근 타입
난 이 도	★★★☆☆

　　덩굴성 또는 막대기 같은 줄기를 가진 것이 많고, 형태는 다양하다. 대표종은 덩굴성으로 하트 모양 잎을 가진 러브체인이다. 가늘고 긴 잎의 데빌리스 (*C. debilis*)도 같은 속이다. 덩굴성인 종류는 행잉 화분에 심는 것을 추천한다. 생장기는 봄과 가을이다. 햇빛이 잘 들고 바람이 잘 통하는 장소에서 관리한다.

러브체인
Ceropegia woodii

덩굴성으로 자라는 줄기에 하트 모양 잎을 가진 식물로 행잉 화분에 자주 이용된다. 겨울에는 얼지 않을 정도의 장소에서 관리한다. 눈꽂이나 포기나누기, 줄기에 생기는 주아를 심어서 번식시킨다.

후에르니아
Huernia

DATA

과　　　명	협죽도과
원 산 지	아프리카～아라비아반도
생 육 형	여름형
관　　　수	봄～가을은 2주에 1회, 겨울은 월 1회
뿌리 굵기	가는 뿌리 타입
난 이 도	★★☆☆☆

　남아프리카에서 에티오피아, 아라비아반도에 걸쳐 50종 정도가 자생한다. 줄기는 두껍고 울퉁불퉁한 느낌으로 줄기에서 직접 꽃이 피는데 두꺼운 꽃잎이 5개로 갈라진다. 파리가 화분을 옮기므로 좋지 않은 냄새가 나는 경우도 있다. 비교적 햇빛이 적은 장소에서도 자라므로 실내 재배에 적합하다. 겨울에는 반드시 실내에서 재배해야 한다.

아각(蛾角)
Huernia brevirostris

남아프리카 케이프 원산이다. 높이 5cm 정도의 줄기가 밀생하여 여름에 노란색 꽃이 핀다. 꽃에는 작은 반점이 많다.

필란시
Huernia pillansii

남아프리카 원산으로 작은 가시로 덮인 줄기는 높이 4cm 정도이다. 가시는 부드러워서 만져도 아프지 않다. 여름에는 황갈색 꽃이 핀다.

제브리나
Huernia zebrina

4～7각이 있는 기둥 모양의 줄기에 잎은 없다. 지름 2～3cm인 오각형 꽃이 핀다. 재배는 그다지 어렵지 않다. 약간 약한 햇빛을 좋아한다.

파키포디움
Pachypodium

DATA

과 명	협죽도과
원 산 지	마다가스카르, 아프리카
생 육 형	여름형
관 수	봄~가을은 2주에 1회, 겨울은 단수
뿌리 굵기	가는 뿌리 타입
난 이 도	★★☆☆☆

비대한 줄기를 가진 대표적인 괴경식물이다. 마다가스카르와 아프리카에 25종 정도가 알려졌지만, 그중에서 20종 정도가 마다가스카르 원산이다. 자생지에서는 두꺼운 줄기를 뻗어서 높이 10m까지도 자란다고 한다.

다육질의 줄기는 많은 가시로 덮여있다. 줄기가 위로 자라서 대형이 되는 종류, 둥글게 커지는 종류 등 다양한 형태가 있다. 빨간색, 노란색의 아름다운 꽃이 핀다.

봄~가을에 걸쳐서 생육한다. 생장기에는 햇빛이 잘 드는 실외에서 재배한다. 바람이 잘 통하는 것도 중요하다. '브레비카울레(*P. brevicaule*)'는 더위에 약하므로 서늘한 장소에서 관리한다. 겨울에는 실내에서 관리하며 단수한다. 5도 이하로 떨어지지 않도록 주의한다. 특히 추위에 약한 종류는 10도 이상의 온도가 필요하다.

분갈이는 봄이 적기이다. 주로 씨앗으로 번식하지만, 씨앗이 잘 안 생기는 것도 많다.

▌ 바로니
Pachypodium baronii

마다가스카르 원산이다. 줄기의 기부가 커다랗게 부풀어 오르는 괴경식물이다. 잎은 광택 있는 타원형으로 3cm 정도의 빨간 꽃이 핀다. 사진 속 식물도 폭 30cm 정도이다.

▌ 브레비카울레
Pachypodium brevicaule

마다가스카르 원산이다. 괴경은 평평하고 모양이 예뻐서 인기가 좋다. 꽃은 레몬색이다. 추위에 약하므로 7도 이상을 유지한다. 습도가 높고 더운 것도 싫어한다. 사진 속 식물은 폭 15cm 정도이다.

덴시카울레
Pachypodium densicaule

'브레비카울레'와 비교적 튼튼한 호롬벤세(*P.horombense*)를
교배해서 만들었다. 튼튼한 묘목을 만들 목적으로 교배한 것
이다. 사진 속 식물은 폭 20cm 정도이다.

게아이
Pachypodium geayi

마다가스카르 원산으로 잎이 가늘고 긴 것이 특징이다. 건조하
면 잎이 떨어지므로 생장기에는 관수에 신경을 쓴다. '아아상
계'라는 이름도 가지고 있다.

라메레이
Pachypodium lamerei

마다가스카르 원산이다. 줄기에는 가시가 많고 꼭대기에 잎이
나온다. 게아이와 비슷하지만 잎 폭이 넓고 뒷면에 실 같은 것
이 없다. 사진 속 식물은 폭 80cm 정도이다.

라메레이(가시 없는 타입)
Pachypodium lamerei

라메레이의 가시가 없는 타입이다. 무엇인가 허전해 보이기도
하지만 취급하기 쉬운 것이 장점이다.

덴시플로룸
Pachypodium densiflorum

마다가스카르 원산이다. 줄기에 가시가 많고, 기부가 비대해서 나무 모양으로 자란다. 자생지에서는 높이와 폭 모두 1m 정도로 자란다. 꽃은 노란색이다. 사진 속 식물은 높이 30cm 정도이다.

광당(光堂)
Pachypodium namaquanum

남서아프리카 원산이다. 자생지에서는 큰 나무처럼 되지만 우리나라에서는 생장기가 안정되지 않고 재배가 어려운 품종으로 유명하다. 사진 속 식물은 높이 50cm 정도이다. 일반적으로는 그다지 분지하지 않는다.

상아궁(象牙の宮)
Pachypodium rosulatum var. *gracilis*

마다가스카르 원산의 로술라툼의 변종으로 가시가 많은 두꺼운 줄기가 높이 30cm 정도까지 자란다. 봄에 노란색 꽃이 핀다. 겨울에는 5도 이상을 유지해 준다.

숙쿨렌툼
Pachypodium succulentum

남아프리카 원산이다. 두껍고 둥근 괴경에서 가는 가지가 방사상으로 나와서 재미있는 수형이 된다. 사진 속 식물은 높이 40cm 정도이다.

프세우돌리토스
Pseudolithos

스타펠리아
Stapelia

트리코카울론
Trichocaulon

전부 협죽도과의 다육식물로 프세우돌리토스는 아프리카 동부~아라비아에 걸쳐 7종 정도가 알려져 있다. 스타펠리아는 남아프리카를 중심으로 50종 정도가 알려져 있고, 아시아와 중남미에도 분포한다. 트리코카울론은 후디아(Hoodia)라고도 하며, 아프리카 남부에 수십 종이 알려져 있다.

▌ 헤라르드헤라누스
Pseudolithos herardheranus

소말리아 원산이다. 같은 속의 스파에리쿰(*P. sphaericum*)과 매우 비슷하지만 꽃이 기부에서 피는 것이 다른 점이다(스파에리쿰은 줄기 중간에서 꽃이 핀다).

▌ 자수각(紫水角)
Stapelia olivacea

남아프리카 원산이다. 줄기는 뿌리 쪽에서부터 여러 개로 갈라져 군생하고 강한 햇빛 아래에서 아름다운 보라색이 된다. 지름 4cm 정도의 보라색 별 모양 꽃이 핀다. 사진 속 식물은 높이 20cm 정도이다.

▌ 불두옥(仏頭玉)
Trichocaulon cactiformis

나미비아 원산이다. 프세우돌리토스 속의 식물과도 비슷하지만, 꽃이 꼭대기에 피는 것이 다르다. 꽃은 작은 별 모양으로 세로 줄 무늬가 들어가 있다. 사진 속 식물은 폭 7cm 정도이다.

세네시오
Senecio

DATA

과 명	국화과
원 산 지	남서아프리카, 인도, 멕시코
생 육 형	봄 · 가을형
관 수	봄~가을은 주 1회, 겨울은 3주에 1회
뿌리 굵기	가는 뿌리 타입
난 이 도	★★☆☆☆

전 세계에 1,500~2,000종이 분포하는 국화과 속으로 흔히 볼 수 있는 금방망이(*S. nemorensis*)나 백묘국(*S. cineraria*) 등도 이 종류이다. 이 중에 남아프리카 등에 자생하는 몇 가지 종류가 다육식물로 큐리오(*Curio*)속으로 분류되는 경우도 있다. 약간 독특한 모양의 종류가 많은 속으로 둥근 구슬이 연결된 것 같은 '녹영'이나, '마사이족 화살' 등 독창적인 조형이 매력적이다.

봄과 가을에 생육하는 종류가 대부분이지만, 비교적 추위와 더위에 강하고 기르기 쉬운 다육식물이다. 뿌리가 건조한 것을 싫어하므로 건조해지지 않도록 주의한다. 분갈이할 때도 뿌리가 마르지 않도록 주의한다. 햇빛이 잘 드는 곳에서 웃자라지 않도록 기르는 것이 중요하다.

번식은 봄에 한다. 긴 덩굴이 자라는 녹영 등 줄기가 옆으로 자라는 종류는 자란 줄기를 자르지 않고 흙을 덮어두면 뿌리가 나온다. 줄기가 위로 자라는 종류는 가지꽂이를 한다.

미공모 (美空鉾)
Senecio antandroi

마다가스카르 원산이다. 흰 가루에 덮인 듯한 푸른 빛이 도는 가는 잎이 촘촘하게 난다. 물을 지나치게 많이 주면 잎이 펼쳐져서 밸런스가 좋지 않게 된다. 분갈이는 봄~초여름에 한다.

백수락 (白寿楽)
Senecio citriformis

남아프리카 원산이다. 직선 모양으로 자라는 가는 줄기에 끝이 뾰족한 물방울 모양의 잎이 달린다. 잎은 약간 흰 가루로 덮여 있다. 눈꽂이로 번식시킨다.

풀레리
Senecio fulleri

아프리카 북부〜아라비아에 걸쳐서 분포한다. 다육질의 줄기
에 길이 1〜5cm 정도의 잎이 달리고 오렌지색 꽃이 핀다. 사진
속 식물은 높이 20cm 정도이다.

할리아누스 히포그리프
Senecio hallianus 'Hippogriff'

남아프리카 원산이다. 가는 줄기에 방추형 잎이 많이 달린다.
튼튼하고 기르기 쉬운 종류이다. 가지 중간에 뿌리가 나오므
로 이곳을 잘라서 심으면 바로 번식이 가능하다.

은월(銀月)
Senecio haworthii

남아프리카 원산이다. 흰 솜털로 덮인 방추형 잎이 아름답다.
꽃은 노란색으로 봄에 핀다. 여름 더위에 약하므로 직사광선을
피하고 바람이 잘 통하는 장소에서 약간 건조하게 재배한다.

헤브딘기
Senecio hebdingi

마다가스카르 원산이다. 지표면에서 다육질의 줄기가 몇 가닥
나오는 기묘한 모습의 세네시오이다. 줄기 끝에는 작은 잎이
달린다. 번식은 줄기꽂이나 포기나누기로 한다.

▶세네시오

마사이족 화살
Senecio kleiniiformis

남아프리카 원산이다. 잎의 독특한 형태가 재미있는 중형종이
다. 화살촉 같은 잎의 형태에서 이름이 유래한다. 햇빛을 좋아
하지만 한여름에는 반그늘에서 직사광선을 피해서 재배한다.

녹영
Senecio rowleyanus

동그란 잎이 달린 줄기가 아래쪽을 향해서 자라므로 행잉 화
분에 잘 어울린다. 여름에는 직사광선을 피해서 그늘에서 관리
한다.

신월(新月)
Senecio scaposus

남아프리카 원산이다. 흰 솜털로 덮인 막대기 모양의 잎을 여
러 개 가지고 있다. 서늘한 시기에 생육하지만 생육기에도 물
을 자주 주지 않도록 한다. 햇빛이 잘 들고 바람이 잘 통하는
곳에서 재배한다.

스카포수스 카울레스센스
Senecio scaposus var. caulescens

'신월'의 변종으로 잎 폭이 넓은 주걱 모양으로 더욱 우아한 느
낌의 군생주를 형성한다. 재배 방법은 '신월'과 같다.

만보(万宝)
Senecio serpens

남아프리카 원산의 소형 세네시오이다. 10cm 정도로 자라는 짧은 줄기에 흰 가루를 덮어쓴 듯한 청록색 원통형 잎을 여러 개 갖고 있다. 군생한다. 사진 속 식물은 높이 10cm 정도이다.

대은월(大銀月)
Senecio talonoides

남아프리카 원산이다. '은월' 보다도 대형으로 잎과 줄기가 길게 자라며 황백색 꽃이 핀다. 사진 속 식물은 높이 20cm 정도이다.

오톤나
Othonna

DATA

과 명	국화과
원 산 지	아프리카
생 육 형	겨울형
관 수	가을~봄은 주 1회, 여름은 월 1회
뿌리 꽂기	가는 뿌리 타입
난 이 도	★★★☆☆

남서아프리카를 중심으로 40종 정도가 서식한다. 줄기가 두꺼운 괴경식물이 인기가 있다. 가을~겨울에 긴 꽃대가 나오고 꽃이 핀다. 여름에는 완전히 잎을 떨어뜨려 휴면하는 경우가 많아서 완전히 단수하고 서늘한 그늘에 둔다. 단, 자주 볼 수 있는 카펜시스는 덩이줄기를 갖고 있지 않고 여름에도 낙엽하지 않는다.

루비 네클리스
Othonna capensis 'Rubby Necklace'

남아프리카 원산이다. 단풍이 들면 잎이 홍자색으로 변해서 루비 네클리스라는 이름이 붙여졌다. 노란색 꽃도 예쁘다. 겨울에 영하로 기온이 떨어지지 않는 지역에서는 실외에서 월동이 가능하다. 잎 길이는 2cm 정도이다.

【그 밖의 괴경식물】

디오스코레아
Dioscorea

봄박스
Bombax

오페르쿨리카리아
Operculicarya

아데니아
Adenia

콧소니아
Cussonia

포우퀴에리아
Fouquieria

키포스템마
Cyphostemma

도르스테니아
Dorstenia

기부나 줄기가 비대해지는 식물을 괴경식물이라고 부르며, 서양에서는 'BONSAI SUCCULENTS'라고 한다.

디오스코레아는 세계에 600종 정도가 분포하는 마과의 커다란 속으로 그중에 몇 가지 종류가 괴경식물로 재배되고 있다. 아데니아는 시계꽃과로 아프리카~동남아시아에 걸쳐 100종 정도가 알려져 있다. 키포스템마는 포도과로 아프리카, 마다가스카르에 250종 정도가 알려져 있다. 예전에는 시서스

(*Cissus*) 속으로 분류되었었다. 봄박스는 바오밥나무와 같은 판야과로 열대 아시아를 중심으로 아프리카, 오스트레일리아에 걸쳐서 널리 분포하고 있다. 콧소니아는 두릅나무과로 중앙아프리카에서 마다가스카르에 걸쳐 20종 정도가. 도르스테니아는 뽕나무과로 남아시아에 100종 정도가. 오페르쿨리카리아는 옻나무과로 마다가스카르 등에 5종 정도가. 포우퀴에리아는 멕시코 등에 10종 정도가 알려진 복계화과의 괴경식물이다.

▎구갑룡(龜甲竜)
Dioscorea elephantipes

멕시코 원산의 '멕시코 구갑룡'도 있지만, 사진 속 식물은 아프리카 원산의 '구갑룡'이다. 가을~봄에 걸쳐 잎이 나오고 생장한다. 사진 속 식물은 폭 20cm 정도이다.

▎아데니아 글라우카
Adenia glauca

바위가 많은 남아프리카 사바나에 자생한다. 봄에 줄기 끝에서 덩굴이 나와 5장으로 갈라진 잎이 여러 개 달리고, 가을에는 낙엽 한다. 겨울에는 8도 이상을 유지해준다.

아데니아 스피노사
Adenia spinosa

남아프리카 원산이다. 자생지에서는 괴경이 지름 2m까지 자란
다고 한다. 글라우카보다 생장은 느리고, 뿌리줄기에서 가시가
있는 긴 덩굴이 나온다. 꽃은 노란색이다.

키포스템마 쿠로리
Cyphostemma currori

아프리카 중남부 원산이다. 굵은 줄기 끝에 여러 장의 잎이 달
리고 휴면기에는 낙엽 한다. 사진 속 식물은 높이 50cm 정도이
지만, 자생지에서는 굵기 1.8m, 높이 7m까지 자란다고 한다.

봄박스
Bombax sp.

바오밥, 두리안, 파키라 등과 같은 판야과 식물로 열대 아시아
를 중심으로 널리 분포하고 있다. 씨앗에서 자란 묘목을 전정
하면서 동그랗게 키운다.

쿳소니아 줄라엔시스
Cussonia zulaensis

남아프리카 원산이다. 팔손이와 근연인 식물로 팔손이와 비슷
한 손바닥 모양의 잎이 달린다. 줄기는 기부가 비대하고, 오래
되면 분지하며 자란다.

도르스테니아 포에티다
Dorstenia foetida

아프리카 동부~아라비아 원산이다. 소형 식물로 자생지에서
도 30~40cm 정도이고, 일반적으로 20cm 정도이다. 여름에는
신기한 모양의 꽃이 핀다.

도르스테니아 기가스
Dorstenia gigas

인도양 소코트라섬에 분포하는 희소종으로, 자생지에서는 높
이 3m 정도로 자란다. 추위에 약하므로 겨울에는 15도 이상을
유지해 주는 것이 안전하다.

오페르쿨리카리아 파키푸스
Operculicarya pachypus

마다가스카르 원산의 괴경식물로 높이 1m 정도로 자란다. 여
름에는 괴경에서 가는 가지가 나와서 잎이 달리고, 가을에는
단풍이 들고, 겨울에는 낙엽 한다.

포에퀴에리아 파시쿨라타
Fouquieria fasciculata

멕시코 남부의 매우 좁은 지역에 자생하는 희소종이다. 생장이
매우 느려서 수백 년 된 식물도 둘레 수십 센티미터, 높이 몇 미
터 정도밖에 자라지 않는다. 가을에 단풍이 들고 낙엽 진다.

PART 7

재배 기초 지식

건조에도 강하고 매우 튼튼한 이미지를 가진 선인장과 다육식물이지만, 잘못 관리하면 시들게 된다. 재배의 포인트는 관수 방법이다. 재배하는 다육식물의 특성을 잘 파악하여 그것에 맞게 물을 줘야 한다. 종류에 따라서는 3개월간 전혀 물을 주지 않는 것도 있다. 여기에서는 분갈이와 모아심기 방법, 씨앗 뿌리기 방법 등도 해설한다.

여름형 식물의 재배 방법

봄에서 여름, 가을에 생육하고 겨울에 휴면하는 그룹으로 열대성 다육식물이 많이 포함되어 있다. 일반적인 초화류와 같은 생육 패턴을 갖고 있어서 초급자라도 비교적 재배가 쉬운 그룹이라고 할 수 있다. 비교적 튼튼한 종류가 많아서 선인장류와 세덤, 칼랑코에, 크라술라의 일부 등 꽃집 등에서 자주 볼 수 있는 종류들이다.

여름형이라고 해도 세덤 홍옥과 알로에 아르보레센스와 같이 추위에 강해서 겨울에도 실외에서 재배 가능한 것도 있고, 고온다습한 여름을 싫어하는 것도 있다.

여름형 다육식물

● 아스포델루스아과, 아스파라거스과(백합과)
알로에, 가스테리아, 아가베 등

● 파인애플과
틸란드시아, 딕키아 등

● 선인장과
아스트로피툼, 짐노칼리시움, 맘밀라리아 등

● 석류풀과
칼린드로필룸, 델로스페르마등

● 돌나물과
세덤 일부, 파키피툼, 그라프토페탈룸 일부, 크라술라 일부, 칼랑코에, 코틸레돈 등

● 대극과 유포르비아

● 기타
산세베리아, 포르툴라카, 파키포디움, 후에르니아, 도르스테니아 등

왼쪽부터 알로에, 가스테리아, 아가베, 아스트로피툼

왼쪽부터 코틸레돈, 피키피툼, 세덤, 유포르비아

재배의 기초

봄에서 가을까지는 햇빛이 잘 드는 곳에 두고 물을 듬뿍 준다. 저온기에는 휴면하므로 겨울에는 단수하거나 아주 가끔 준다. 한여름에는 차광하고 약간 건조한 느낌으로 관리해 주는 것이 좋은 종류도 있다.

SPRING

봄 관리
(3~5월)

햇빛이 잘 드는 곳에 둔다. 관수는 1주일에 1번.

많은 종류가 자라기 시작하는 때이다. 햇빛이 잘 들고 통풍이 잘되는 처마 밑에 두어서 충분히 햇빛을 받게 한다. 대부분 선인장의 개화기는 봄이다.

화분 밑에서 물이 흘러나올 때까지 충분히 관수한다. 관수 간격은 화분 표면이 마르고 나서 2~3일 후, 화분 속까지 건조해진 후에 한다. 화분의 크기와 재배 장소에 따라 다르지만 대개 1주일에 1번 정도이다.

비료는 거의 필요로 하지 않지만, 주게 될 경우에는 5~7월이 적기로 비료 설명서에 쓰여 있는 배율로 희석한 액비를 1개월에 1번 정도 준다.

SUMMER

여름 관리
(6~8월)

비를 맞지 않게 한다. 강한 햇빛은 차광해 준다.

햇빛이 잘 들고 바람이 잘 통하는 처마 밑 등에 둔다. 통풍이 나쁘면 습해져서 썩는 경우도 있으므로 주의가 필요하다. 더위에 약한 종류는 집의 동쪽 등. 오후에는 햇빛이 들지 않는 장소로 이동하거나, 차광막 등으로 차광한다. 비를 맞는 것은 좋지 않으므로 비를 피할 수 있는 장소에 둔다.

관수는 충분히 한다. 맑은 날씨가 이어질 때는 3일에 1번 정도, 더위에 약한 종류는 1주일에 1번 정도로 관수하는 것이 좋다. 잎 사이에 물이 고여있으면 썩는 경우도 있으므로 물은 식물 기부의 흙에 주는 것이 좋다.

AUTUMN

가을 관리
(9~11월)

햇빛이 잘 드는 곳에 둔다. 관수는 서서히 줄인다.

여름 동안 서늘한 반그늘에 피난시켰던 식물들도 햇빛이 잘 드는 장소로 옮긴다. 물을 주는 간격도 서서히 늘려서 11월에는 2주일에 1번 정도로 한다. 가을에 물을 많이 주면 겨울 추위에 견디기 어려워진다.

여름 동안 커다랗게 자란 식물은 이 시기에 포기나누기, 분갈이를 해서 모양을 잡아주는 것이 좋다. 화분에서 빼내어 적당한 크기로 나누어서 새로운 용토에 심는다. 이때 뿌리에 작고 하얀 벌레(솜깍지벌레의 일종)가 있는지 확인해야 한다. 벌레가 있으면 깨끗이 씻어서 제거한다.

WINTER

겨울 관리
(12~2월)

추위에 약한 종류는 실내에 둔다. 관수는 아주 조금.

세덤 '홍옥'이나 '오로라' 등과 같이 빨갛게 물드는 것도 있고, 이 시기에 꽃이 피는 것도 있어서 휴면기라도 많은 즐거움을 준다. 재배 장소는 실내가 안전하다. 실외에 두는 경우에는 기온이 영하로 내려가지 않고 찬바람을 직접 맞지 않는 양지라면 괜찮다. 실내에서도 지나치게 난방이 많이 되는 곳은 좋지 않다. 지나치게 따뜻하면 웃자라는 경우도 있다. 물은 1개월에 1번 정도, 용토가 가볍게 젖는 정도로 조금만 준다.

겨울형 식물의 재배 방법

가을에서 겨울, 봄에 거쳐서 생장하고 여름에는 휴면하는 종류이다. 겨울에 비가 많이 내리는 지중해 연안 지방이나, 유럽의 산지, 남아프리카에서 나미비아의 고원 등의 서늘한 지역에 자생하는 종류가 많고 더운 여름을 싫어한다. 생육 패턴도 일반적인 초화류와는 다르므로 재배에 주의가 필요하지만, 리톱스와 코노피툼 종류와 같이 투명한 창을 가지고 있거나, 말라 죽은 것처럼 보이는 식물체에서 새로운 잎이 나오는(탈피) 등 재미있고 매력적인 종류가 많아서 꼭 키워보고 싶은 종류이다.

겨울형 다육식물

● 아스포델루스아과(백합과)
불비네 등

● 석류풀과
코노피툼, 케이리돕시스, 리톱스 등

● 돌나물과
아에오니움, 셈페르비붐,
크라슐라의 일부 등

● 기타
페페로미아 등

왼쪽부터 페페로미아, 불비네, 브라운시아, 코노피툼

왼쪽부터 리톱스, 옵탈모필룸, 셈페르비붐

재배의 기초

여름 나기가 가장 큰 과제이다. 여름철 관수 방법이 가장 중요한 포인트로 완전히 단수하는 것도 한 가지 방법이지만, 소형인 경우에는 지나치게 건조하면 말라 죽는 경우도 있다. 비에 맞지 않도록 하는 것도 중요하다. 바람이 잘 통하는 그늘에서 가만히 휴면시킨다.

SPRING

봄 관리 (3~5월)

햇빛이 잘 드는 곳에 둔다. 물은 1주일에 1번 준다.

많은 종류가 가장 많이 성장하는 시기이다. 이 시기에 꽃이 피는 종류도 있다. 겨울 동안 실내에서 햇빛이 부족한 상태로 있었던 식물을 실외로 옮겨서 충분히 햇빛을 받도록 한다. 화분 밑으로 물이 흘러나올 때까지 충분히 관수한다. 다음 관수는 토양 표면이 마르고 나서 2~3일 후, 화분의 크기와 재배 장소에 따라 달라지지만 대개 1주일에 1번 정도이다.

5월이 되면 리톱스 등은 표면이 시든 것처럼 보이지만 걱정할 필요는 없다. 기다리면 마른 잎 중앙에서 새로운 잎이 나온다.

SUMMER

여름 관리 (6~8월)

비를 맞지 않게 한다.
관수를 중단하거나 스프레이로 뿌려주는 정도로 한다.

리톱스와 코노피툼 등은 여름에 관수하면 썩는 경우가 많으므로 물을 주지 않고 강제적으로 휴면시킨다. 단, 크기가 작은 식물은 지나치게 건조하면 말라 죽는 경우도 있으므로 1개월에 1번, 스프레이 등으로 토양의 표면을 가볍게 적시는 정도로 물을 주기도 한다. 아에오니움 등은 1개월에 1번 정도, 흙이 가볍게 젖는 정도의 관수를 한다. 비를 피할 수 있는 서늘한 그늘에 둔다. 소나기와 태풍 등으로 비를 맞게 되면 썩을 수도 있으므로 충분히 주의한다.

AUTUMN

가을 관리 (9~11월)

햇빛이 잘 드는 곳에 둔다. 관수는 1주일에 1번.

아침저녁으로 서늘해지면 그늘에 두었던 식물들을 햇빛이 잘 드는 장소로 옮겨서 충분히 햇빛을 받게 한다. 관수도 다시 시작한다. 관수 방법은 봄과 같이 대개 1주일에 1번 정도이다. 쭈글쭈글하던 리톱스 등도 물기를 머금어서 팽팽해지고, 봄에 탈피하지 않았던 코노피툼 등은 마른 껍질을 벗고 새로운 잎이 나온다. 아에오니움과 셈페르비붐도 생장을 시작한다. 아름답게 단풍이 드는 종류도 있다. 겨울형 식물은 가을에 비료를 주는 것이 좋다. 설명서에 있는 비율로 희석한 액비를 한 달에 1번 정도 준다.

WINTER

겨울 관리 (12~2월)

실내에서 재배한다. 관수는 1~3주일에 1번.

겨울에는 실내에서 재배한다. 실내에서도 밝은 창가에 두어서 되도록 햇빛을 쐬게 한다. 히터나 난로 등의 난방 기구 가까운 곳은 피하고, 낮에는 가끔 창문을 열어서 신선한 공기가 들어오게 한다. 최저 기온은 5도 이상이 되도록 해야 한다. 겨울형 식물이라고 해도 한겨울에는 생장이 많지 않다. 관수를 줄인다. 단, 난방한 방안은 습도가 낮아서 건조해지기 쉬우므로 잘 관찰해서 물을 주도록 한다.

봄가을형 식물의 재배 방법

여름과 겨울에는 휴면하고, 봄과 가을 같은 온화한 기후에서만 생장하는 종류이다. 여름에도 그다지 기온이 높지 않은 열대와 아열대 고원이 자생지인 경우가 많다. 여름형 식물로 분류되기도 하지만, 여름 더위에 상하기 쉬우므로 여름에는 휴면시키는 것이 안전하다. 기본적인 재배 방법은 여름형과 같고, 한여름에는 겨울형 식물과 같이 물을 주지 않고 휴면시킨다.

봄가을형 다육식물

● 아스포델루스아과 (백합과)
하워르티아, 아스트롤로바 등

● 돌나물과
에케베리아, 아드로미스쿠스, 크라술라 등

● 국화과
세네시오 (국화과)

● 기타
세로페기아, 아나캄프세로스, 세네시오 등

왼쪽부터 아나캄프세로스, 아스트롤로바, 하워르티아, 아드로미스쿠스

왼쪽부터 아드로미스쿠스, 크라술라, 에케베리아, 세네시오

재배의 기초

고온 다습한 것을 싫어하므로 여름에는 휴면시키는 것이 좋다. 서늘한 지역에서는 여름에도 생장할 수 있지만, 생장의 피크는 봄과 가을이다. 봄·가을에 충분히 생장시키고, 여름과 겨울에는 가만히 휴면시킨다.

SPRING

봄 관리
(3~5월)

햇빛이 잘 드는 곳에 둔다. 물은 1주일에 1번 준다.

대부분의 종류가 생장하기 시작한다. 햇빛이 잘 들고 바람이 잘 통하는 처마 밑에 두고 충분히 햇빛을 쐬게 한다. 단, 하워르티아 종류는 자생지에서도 바위 그늘 등에서 생육하므로 밝은 반그늘에서 재배한다. 물이 화분 아래에서 흘러나올 정도로 충분히 준다. 관수는 용토의 표면이 마르고 나서 2~3일 후, 화분 속의 흙도 완전히 건조해진 후에 한다. 화분의 크기와 재배 장소에 따라 달라지지만 대개 1주일에 1번 정도이다. 비료는 그다지 필요로 하지 않지만, 준다면 5~7월이 적기이고 액비를 한 달에 1번 정도 준다.

SUMMER

여름 관리
(6~8월)

바람이 잘 통하는 그늘에 둔다. 물은 주지 않거나 소량을 준다.

더위에 약하므로 대부분의 종류는 물을 주지 않고 휴면시킨다. 단, 하워르티아 등은 건조하면 바깥쪽의 오래된 잎부터 차례대로 쭈글쭈글하게 마르게 되므로 겨울형 식물과 같이 완전히 단수하지는 않고 소량의 물을 준다. 한 달에 1번 정도 흙이 가볍게 젖을 정도로 관수한다. 재배 장소는 바람이 잘 통하고 비를 맞지 않는 서늘한 그늘이 좋다.

AUTUMN

가을 관리
(9~11월)

햇빛이 잘 드는 곳에 둔다. 관수는 1~2주일에 1번.

여름에 서늘한 반그늘에 피난시켜 두었던 식물을 햇빛이 잘 드는 장소로 옮긴다. 단, 하워르티아 종류는 일 년 내내 밝은 반그늘에서 재배한다.

관수는 봄과 마찬가지로 1주일에 1번 정도가 적당하다. 추워지면 간격을 서서히 늘려서 11월에는 2주일에 1번 정도로 한다. 가을에 물을 많이 주면 겨울 추위에 상하기 쉽다.

WINTER

겨울 관리
(12~2월)

실내에서 재배한다. 관수는 한 달에 1번.

기온이 떨어지면서 생장이 느려진다. 영하로 내려가지 않는 지역에서는 추위에 강한 종류는 실외에서 재배가 가능하지만, 실내로 옮기는 것이 안전하다. 햇빛이 잘 드는 장소가 좋지만, 어차피 휴면 중이므로 그다지 중요하지 않다. 가끔 창문을 열어서 통풍시킨다. 물을 아주 조금 주고, 한 달에 1번 정도 흙이 가볍게 젖을 정도로 주면 된다. 흙이 말라 있어도 큰 문제가 되지는 않는다.

실외에 둘 경우에는 겨울바람에 맞지 않고 햇빛이 잘 드는 곳이 적합하다.

다육식물의 분갈이

2~3년에 한 번은 분갈이한다

대부분의 다육식물은 천천히 생육하므로 다른 초화류나 관엽식물처럼 매년 분갈이해 줄 필요는 없다. 하지만, 분갈이가 늦어지면 뿌리가 화분에 꽉 차게 자라서 여름에 말라 죽는 경우도 있으므로 2~3년에 한 번씩은 분갈이한다. 잎꽂이 등으로 번식시킨 작은 묘목은 일 년에 한 번은 분갈이하는 것이 생육에 좋다.

포기나누기로 번식한다

어린 포기가 생겨서 군생하는 종류는 그대로 길러도 좋지만, 지나치게 커지면 취급하기 어려워지므로 포기나누기를 하는 것이 좋다.
하우르티아와 알로에, 아가베 등 굵은 뿌리 타입은 뿌리를 자르거나, 뿌리가 건조해지지 않도록 주의하며, 새로 심자마자 바로 물을 주어야 한다.

굵은 뿌리 타입의 분갈이 〔알로에 포기나누기〕

1

옆으로 번식해서 화분 보다 커진 알로에, 포기나누기로 분갈이한다.

2

화분에서 꺼내어 가장자리의 식물을 분리시킨다. 되도록 뿌리가 잘리지 않도록 주의한다.

3

마른 잎과 상처 난 뿌리를 정리하고 바로 새로운 용토에 심어준다.

4

작은 포기는 크기가 작은 화분에 심는다. 심고 나서 바로 물을 준다.

가는 뿌리 타입의 분갈이 선인장의 분갈이

1

어린 포기가 많이 생겨서 분갈이를 해야 하는 선인장.

2

가시에 주의하며 핀셋을 사용하여 화분에서 꺼낸다.

3

가위로 자르면서 포기를 나눈다. 스티로폼 조각 등을 이용해서 잡으면 가시에 찔리지 않을 수 있다.

4

오래된 흙을 털어내고 긴 뿌리는 짧게 정리한다.

5

포기를 나눈 선인장. 뿌리가 없어도 괜찮다. 이 상태로 1주일 정도 잘린 부분을 건조시킨다.

6

잘린 부분이 충분히 마르면, 건조한 용토에 심는다. 물은 3~4일 후부터 준다.

잎꽂이 · 눈꽂이 번식

에케베리아와 세덤, 크라술라 등 잎이 작은 다육식물은 잎꽂이로 간단히 번식이 가능하다.
커다란 잎의 다육식물은 눈꽂이를 한다.
작은 묘목을 많이 만들어서 모아심기 등에 이용해 보자.
방법은 매우 간단하다.
시기는 종류별로 생장기에 하는 것이 좋다.

HOW TO

잎꽂이

세덤, 칼랑코에, 에케베리아, 크라술라, 아드로미스쿠스 등 많은 종류의 다육식물은 재생 능력이 좋아서 작은 잎 1장에서 새 눈이 나와서 번식한다. 시간은 약간 걸리지만 한꺼번에 많은 묘목을 만들 수 있다.

1

방법은 간단하다. 잎을 떼어내어 용토 위에 올려두면 된다. 결국에는 뿌리와 새 눈이 생겨서 작은 묘목이 된다. 종류를 잊지 않도록 이름이 적힌 라벨을 세워둔다.

2

묘목이 커지면 화분에 심는다. 화분 하나에 여러 묘목을 심어도 괜찮다. 처음에 잎꽂이 했던 잎은 떼도 괜찮다.

눈꽂이

눈꽂이는 자른 부분을 충분히 건조시키는 것이 중요하다. 자르자마자 심으면 자른 부분이 썩을 수 있다. 바람이 잘 통하는 장소에 놔두고, 뿌리가 나온 뒤에 심으면 된다. 단, 아에오니움과 세네시오는 자르자마자 바로 심는다.

1

줄기를 1cm 정도 남기고 눈을 자른다. 잘린 부분에서도 새 눈이 나온다.

2

잘라낸 가지는 바람이 잘 통하는 장소에서 상처 난 잘린 부분을 건조시킨다. 옆으로 눕혀 놓으면 줄기가 휘어 버리는 경우가 있으므로 되도록 세워둔다.

3

1~2주 후에 잘린 부분에서 뿌리가 나오면 화분에 심는다. 용토는 '선인장, 다육식물용 용토'가 좋지만, 일반적인 '초화류용' 용토를 사용해도 괜찮다.

4

뿌리에 상처가 나지 않도록 주의하며 심는다. 심고 나서 1주일 정도는 물을 주지 않는다.

씨앗 번식을 즐기자!

최근 인기인 것이 '씨앗 번식'이다. 씨앗 번식은 씨앗을 뿌려서 묘목을 기르는 것이다.
작은 씨앗에서 눈이 나와 조금씩 커가는 모습을 지켜보는 것은 정말 즐거운 일이다.
서로 다른 종류를 교배시키면 자신만의 오리지널 품종을 만드는 것도 가능하다.
노력이 필요하지만 그다지 어렵지는 않다. '아기' 다육식물을 키워보자.

1

선인장의 씨앗 번식 묘목(파종에서 1년 정도). 이제 다시 옮겨서 심어주어야 하는 시기이지만, 이대로 군생시켜도 재미있다.

2

리톱스의 씨앗 번식 묘목(파종에서 1년 정도). 같은 열매에서 나온 씨앗에서 다양한 묘목이 생긴다. 생장 속도도 전부 다르다.

3

빽빽하게 자란 씨앗 번식 3년차인 리톱스. 다양한 무늬가 재미있다.

교배시켜서 씨앗을 뿌리면 양쪽 부모의 성질을 가진 묘목이 생긴다. 왼쪽은 에케베리아 라우이(*E. laui*), 오른쪽은 에케베리아 콜로라타(*E. colorata*), 앞의 작은 것은 교배하여 생긴 그 자손이다.

교배 방법

벌레가 매개해 주거나 자연히 씨앗이 생기는 경우도 있지만,

확실히 씨앗을 만들고 싶거나 다른 종류와 교배하고 싶을 때는 인공 수분을 한다.

꽃이 피는 시기가 서로 다른 경우에는 꽃가루를 냉장고에 보존해 두고 교배시키는 것도 가능하다.

1

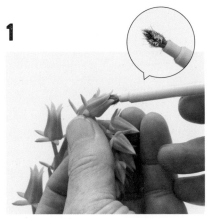

가는 붓끝을 꽃(피기 시작하는 시기가 좋다) 속에 넣어서 2~3
번 돌려주면, 붓에 꽃가루가 묻는다. 그 꽃가루를 교배시
킬 다른 종류의 암술에 묻혀준다.

2

인공수분한 꽃에 라벨을 붙여서 모계의 이름을 앞에 쓰
고 부계의 이름을 뒤에 쓴다. 인공수정 시킨 날짜도 쓴다.

3

수정이 성공하면 열매가 부풀어서 씨앗이 생긴다. 열매가
익어서 저절로 벌어지기 전에 라벨을 붙인 열매를 가위로
잘라낸다.

4

흰 종이 위에서 씨앗을 갈라서 안에 들어있는 씨앗을 꺼
낸다. 씨앗이 미세한 것은 가는 체를 이용해서 씨앗과 불
순물을 분리시킨다.

씨앗 뿌리기와 화분 심기

씨앗을 채취하면 바로 뿌리는 것이 좋다. 바로 뿌리지 못한 씨
앗은 냉장고에 보관한다. 씨앗을 뿌린 화분이나 트레이의 밑
에는 물을 받쳐놓아서 건조해지지 않도록 관리한다. 발아할
때까지 1년 정도 걸리는 경우도 있으므로 느긋하게 기다린다.

1

분리한 씨앗을 작은 화분이나 플러그 트레이 등에 뿌린
다. 용토는 가는 버미큘라이트 등의 청결한 것을 사용한
다. 라벨을 잊지 않고 세워둔다. 절대로 씨앗을 뿌린 위에
흙을 덮지 않도록 한다.

2

에케베리아의 새싹. 1~2mm 정도의 작은 잎이 나온다. 묘
목이 어느 정도 자라면 몇 포기씩 묶어서 분갈이한다.

3

분갈이한 후 2~3개월 지나서 묘목이 커지면 다시 포기
를 나누면서 화분에 옮겨 심는다. 뿌리가 잘 나오면 다른
어른 포기와 같은 방법으로 관리한다.

4

화분에 1포기씩 심은 에케베리아 등의 씨앗 번식 묘목. 다
양하고 개성적인 색과 형태가 나와서 즐겁다.

INDEX

다육식물도감 색인

학명 색인

감수
하가네 나오유키

선인장을 예술의 경지로 끌어 올린 선인장 크리에이터.
CF 디렉터로 활약하다가 일본 군마현 타테바야시시에 선
인장, 다육식물 농장을 만들어, 전문 숍 '선인장 상담실'을
오픈했다. 2002년 주식회사 사자비와 제휴하여 도쿄 긴
자와 롯폰기 힐스에 '선인장 상담실' 숍을 오픈했다. 저서
로 「선인장 인테리어」, 「작은 다육식물들」, 「귀여운 다육식
물들」(2014년, 주부의 벗) 등이 있고, 잡지 「indoor green style」
에도 다수 기고했다. 오랜 기간 축적한 확고한 노하우와
새로운 감성으로, 선인장과 다육식물의 새로운 매력을 제
안하고 있다.

Cactι & Succulents
다육식물도감

1판 1쇄 발행일　2019년 6월 14일
1판 3쇄 발행일　2021년 12월 23일

감　수　선인장 상담실 · 하가네 나오유키
옮긴이　권효정
펴낸이　김현준
펴낸곳　도서출판 유나

경기도 용인시 수지구 신봉2로 30, 미래빌딩 2층 205호
전화 0505-922-1234　　팩스 0505-933-1234
kim@yunabooks.com　　www.facebook.com/yunabooks
www.yunabooks.com　　www.instagram.com/yunabooks

ISBN 979-11-88364-15-2 13480

이 도서의 국립중앙도서관 출판예정도서목록(CIP)은 서지정보유통지원시스템 홈페이지(http://seoji.nl.go.kr)와 국가자료공동
목록시스템(http://www.nl.go.kr/kolisnet)에서 이용하실 수 있습니다. (CIP제어번호 : CIP2019013570)

* 잘못된 책은 구입처에서 바꾸어 드립니다.
* 책값은 뒤표지에 있습니다.